玉米病虫草害防治原色生态图谱

董志平　姜京宇　董金皋　主编

中国农业出版社

前　言

　　玉米是我国主要粮食作物，也是重要的食品、饲料和工业原料。我国玉米常年种植面积约2 700万公顷，病虫草害一直是影响其产量和品质的重要因素。据统计，我国玉米每年因病虫草害造成的产量损失达1 000万吨，约占全国总产量的7%～10%。所以，加强玉米病虫草害防治，将危害控制在经济阈值之下，是玉米增产、农民增收的关键。

　　据资料记载，危害我国玉米生产的主要病害有20余种，虫害50多种，草害上百种。但近几年，随着种植结构的调整、优质高产品种的推广，以及秸秆还田、免耕播种等新技术的应用，导致玉米田间生态发生了改变，有害生物种群结构和数量也明显变化。主要表现在新的病虫草害不断发生，一些曾被控制的病虫重新猖獗，部分次要病虫危害加剧。这些新问题的出现，对我国玉米生产安全构成严重威胁，也对有害生物防治提出了新的要求。

　　我们近几年在我国春、夏玉米产区对危害玉米的各种有害生物广泛开展调查、监测，配合室内实验，完成了多项研究，记述了80多种危害玉米的病虫草害，拍摄了大量田间生态图片，积累了丰富资料。在深入田间调查过程中，我们强烈感受到广大农民群众对实用化、简约化植保技术的迫切需求。为此，编写了《玉米病虫草害防治原色生态图谱》。 本书共记述了当前生产上的主要病害16种、虫害28种、草害33种，并配有彩色图片350余张，对其危害特点、识别特征、调查要点及防治技术进行了具体阐述，力求使读者达到会识别、会调查、会防治。

在编写过程中承蒙中国科学院动物研究所武春生研究员帮助鉴定了二点委夜蛾，陈小琳博士鉴定了狗尾草角潜蝇，中国农业大学杨定博士对黑麦秆蝇各虫态进行了详细描述，沈阳农业大学张治良教授提供了玉米旋心虫、黄褐丽金龟图片并提出了宝贵意见，在此表示感谢。河南洛阳市洛龙区植保站韩怀奇研究员、沈阳市植保站刘大军研究员以及河北省安新县植保植检站等对本书编写给予了热情帮助，深表感谢。

由于水平有限，错误在所难免，请读者和同行批评指正。

编著者

2 010年12月

目录

前言

三、玉米田杂草 ………84

（一）玉米田主要杂草 ………84

2甲4氯（106）　　　烟嘧磺隆（107）　　　硝磺草酮（108）

草甘膦（108）　　　百草枯（108）

一、玉米病害

1. 玉米大斑病

玉米大斑病的病原菌为大斑突脐蠕孢菌（*Exserohilum turcicum*），属半知菌亚门突脐蠕孢属真菌（图1-1）。在各玉米产区普遍发生。

[识别特征]　玉米大斑病主要为害叶片，严重发生可为害叶鞘和苞叶。发生初期在叶片上形成水渍状斑点，逐渐沿叶脉扩展，不受叶脉限制，形成黄褐色或灰褐色梭形病斑。病斑中间色浅，边缘较深（图1-2），气候潮湿时病斑中间出现大量灰黑色霉层，后期常纵裂。病斑一般长5～10厘米，宽1～2厘米，有的可长达20厘米以上。在感病品种上病斑较大，严重发生时多个病斑连片，可导致叶片枯死。在抗性品种上的梭形斑较小，为黄褐色或灰绿色，外围有明显的黄色褪绿晕圈。

[发生规律]　大斑病菌主要以菌丝体或分生孢子在病残体、种子或堆肥中越冬，翌年病菌随气流和雨水传播到玉米叶片上，引起发病。条件适宜时病斑很快产生分生孢子，引起再侵染。气温18～27℃、相对湿度90%以上时病害易

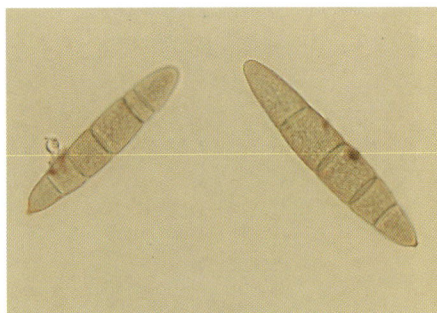

图1-1　玉米大斑病菌分生孢子

图1-2　玉米大斑病典型梭形病斑

暴发流行；高温干燥或湿度较低抑制病害的发生发展。品种间抗病性有明显差异。

[调查要点]　在玉米抽穗前后注意调查，中下部叶片有大斑病初侵染的梭形褪绿病斑时，应及时进行防治。

[防治技术]

（1）农业防治：种植抗病品种。

（2）化学防治：在发病初期，用50%氯溴异氰脲酸（绿亨六号）水溶性粉剂1 000倍液、40%氟硅唑乳油（杜邦福星）8 000倍液、10%苯醚甲环唑（世高）水分散粒剂1 500～2 000倍液、50%异菌脲（扑海因）可湿性粉剂1 000～1 500倍液、70%代森锰锌可湿性粉剂500～800倍液、20%三唑酮（粉锈宁）乳油1 000～1 500倍液、50%多菌灵可湿性粉剂500倍液或75%百菌清可湿性粉剂500倍液任选其一喷雾。同时可加入云大120的1 500～2 000倍液、绿风95的600倍液和1%～3%的尿素，提高植株抗病能力。每隔7～10天喷药1次，连喷2～3次。

2.玉米小斑病

玉米小斑病病原菌为玉蜀黍蠕孢菌（*Bipolaris maydis*），属半知菌亚门离蠕孢属真菌（图2-1）。发病严重植株可导致叶片枯死，造成减产，是玉米产区重要病害之一。

[识别特征]　玉米小斑病主要为害叶片，也为害叶鞘和苞叶。常从植株下部叶片开始发病，逐渐向中上部叶片蔓延。受害叶片初期表现为水渍状半透明小斑点，后期发展为受叶脉限制的边缘深褐色至紫褐色的椭圆形、长圆形或近长方形的黄褐色或红褐色病斑；有时病斑上有2～3个同心轮纹；叶鞘和苞叶上病斑较大；湿度较大时病部生灰黑色霉层。在一些高感品种上也可产生椭圆形或纺锤形不受叶脉限制的灰褐色或黄褐色大型病斑（图2-2）。而在抗病品种上则表现为边缘紫褐色或深褐色点状黄褐色病斑，周围有褪绿晕圈。

图2-1　玉米小斑病菌分生孢子

图2-2　玉米小斑病典型病斑

[**发生规律**]　玉米小斑病菌主要以分生孢子或菌丝在病残体内越冬,翌年随气流和雨水传播。在夏秋多雨季节,病菌可进行多次再侵染。气温在25℃以上、种植密度大、田间湿度高时易造成病害流行。品种间抗病性有明显差异。

[**调查要点**]　从玉米苗期至成株期注意调查中下部叶片,如出现初侵染水渍状斑点,及时进行药剂防治。

[**防治技术**]

(1) 农业防治:选用抗病品种,并注意控制栽培密度。

(2) 化学防治:在发病初期,用10%苯醚甲环唑(世高)水分散粒剂1 500～2 000倍液、40%氟硅唑乳油(杜邦福星)乳油8 000倍液、50%异菌脲(扑海因)可湿性粉剂1 000～1 500倍液、12.5%烯唑醇(禾果利)可湿性粉剂1 000～1 500倍液、20%三唑酮(粉锈宁)乳油1 000～1 500倍液、50%多菌灵可湿性粉剂500倍液,任选其一喷雾防治。同时可加入云大120的1 500～2 000倍液、绿风95的600倍液和1%～3%的尿素,增强抗病能力。每隔7～10天喷药1次,连喷2～3次。

3. 玉米褐斑病

玉米褐斑病病原菌为玉蜀黍节壶菌(*Physoderma maydis*),属鞭毛菌亚门节壶菌属真菌(图3-1)。该病在全国玉米产区均有发生,黄淮海平原夏玉米发生较重。

[**识别特征**]　褐斑病主要为害叶片(图3-2)和叶鞘(图3-3)。叶片上初侵染病斑为水渍状褪绿黄斑(图3-4),以后变为圆形、椭圆形黄褐色或紫褐色病斑,中间隆起,内有黄褐色粉末状物,为病原

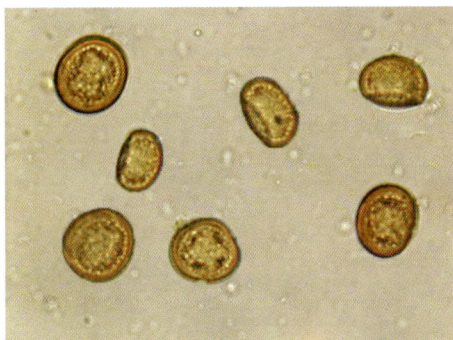

图3-1　玉米褐斑病菌孢子囊

菌的休眠孢子囊。叶片上病斑连片形成与中脉垂直的条状病区,一个叶片上有多个病区时,与健康组织形成黄绿相间的条带。叶片中脉病斑红褐色到紫褐色(图3-5)。叶鞘病斑比叶片主脉上的大而色深。严重时多个病斑连成不规则大斑,可导致叶片和叶鞘枯死(图3-6)。

[**发生规律**]　玉米褐斑病一般从喇叭口期开始发病,抽穗至乳熟期为发病高峰期。以孢子囊在病株残体和土壤中越冬,翌年病菌随气流和雨水传播到

图3-2 玉米褐斑病叶部症状

图3-3 玉米褐斑病鞘部症状

图3-4 玉米褐斑病叶片初期症状

图3-6 玉米褐斑病严重为害导致植株叶片坏死

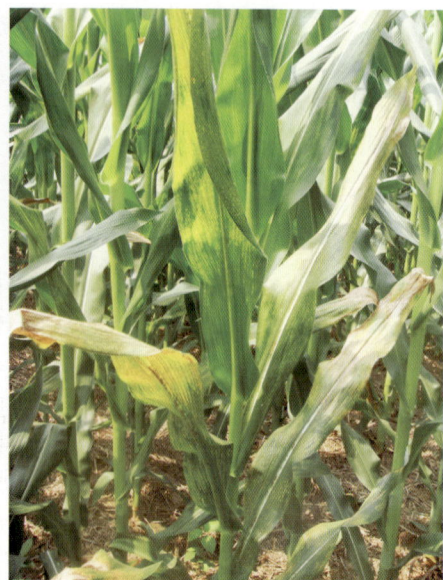
图3-5 玉米褐斑病中脉处病斑

玉米植株上，遇到合适条件孢子囊萌发释放出大量游动孢子，侵入玉米幼嫩组织。气温23～30℃、相对湿度85%以上，连阴雨天气利于褐斑病发生与流行。

[调查要点] 在喇叭口期注意调查叶片上有无黄色斑点，叶鞘和叶片中脉上有无红褐色斑块。

[防治技术]

（1）农业防治：种植抗病品种，施足底肥，合理密植，加强中耕管理，排除田间积水，降低田间湿度，提高植株抗病性。

（2）化学防治：在发病初期，用40%氟硅唑乳油（杜邦福星）乳油6 000倍液、20%三唑酮（粉锈宁）乳油1 000 ~ 1 500倍液、50%退菌特可湿性粉剂1 000倍液、25%甲霜灵可湿性粉剂500 ~ 800倍液或70%甲基硫菌灵（甲基托布津）可湿性粉剂800 ~ 1 000倍液，任选其一喷雾。同时可加入云大120的1 500 ~ 2 000倍液、绿风95的600倍液和1% ~ 3%的尿素，以提高植株抗病力。每隔7 ~ 10天防治1次，连续防治2 ~ 3次。

4. 玉米弯孢霉叶斑病

弯孢霉叶斑病病原菌为新月弯孢菌（*Curvularia lunata*），属半知菌亚门弯孢霉属真菌（图4-1）。该病主要发生在东北和华北玉米产区，南方玉米产区局部发生。

[识别特征] 弯孢霉叶斑病主要为害玉米叶片，也可侵染叶鞘和苞叶。病斑初期为水渍状淡黄色半透明小点（图4-2），逐渐扩大为圆形、椭圆形或梭形淡黄色病斑，中央有黄白色或灰白色坏死区，边缘淡红褐色或暗红褐色，外围有褪绿晕圈（图4-3）。抗病品种的病斑较小，多为褪绿点状斑，无中央坏死区。感病品种的病斑较大，有时多个病斑相连，呈片状坏死，严重时叶片枯死（图4-4），病株结实率低、果穗瘦小、籽粒不饱满。

[发生规律] 弯孢霉叶斑病菌以菌丝体和分生孢子在病残体上越冬。翌年春夏季节在适宜温、湿度条件下，病残体中的菌丝体产生分生孢子。分生孢子随气流和雨水传播到玉米叶片上，遇适宜条件萌发出芽管和菌丝侵入叶片。玉

图4-1　新月弯孢菌分生孢子

图4-2　玉米弯孢霉叶斑病初期症状

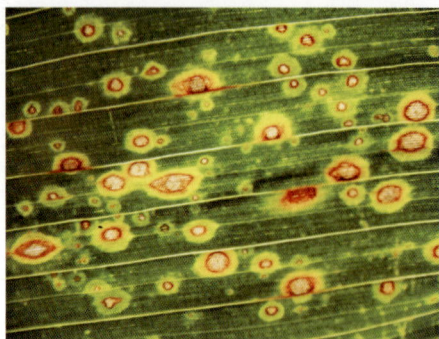

图4-3 玉米弯孢霉叶斑病典型褐色病斑

图4-4 玉米弯孢霉叶斑病田间症状

米生长期间若条件适宜可完成多次再侵染。穗位以上叶片易感病。高温高湿条件有利于弯孢霉叶斑病的流行。玉米品种间抗病性存在明显差异。一般低洼积水田块和连作地块发病重。

[调查要点] 在玉米大喇叭口期后注意调查叶片有无病斑，当病株率达到10%时应及时防治。

[防治技术]

（1）农业防治：种植抗病品种。进行轮作倒茬。加强田间管理，施足底肥，提高植株抗病力。重病地块收获后及时清除田间秸秆，避免秸秆还田。

（2）化学防治：发病初期用12.5%烯唑醇（禾果利）可湿性粉剂1 000～1 500倍液、40%双胍辛烷苯基磺酸盐（百可得）可湿性粉剂1 000～1 500倍液、10%苯醚甲环唑（世高）水分散粒剂1 500～2 000倍液、50%异菌脲（扑海因）可湿性粉剂1 000～1 500倍液、70%代森锰锌可湿性粉剂500～800倍液、20%三唑酮（粉锈宁）乳油1 000～1 500倍液，任选其一喷雾，隔7～10天再喷1次，连喷2～3次。

5. 玉米灰斑病

玉米灰斑病病原菌为玉蜀黍尾孢菌（*Cercospora zeae-maydis*），属半知菌亚门尾孢菌属真菌（图5-1）。在我国北方局部春玉米区发生严重。

[识别特征] 灰斑病主要侵染叶片（图5-2），也侵染叶鞘和苞叶。发病初期为水渍状斑点，逐渐沿叶脉扩展并受叶脉限制，形成两端较平、长方形、灰色或黄褐色病斑（图5-3），田间湿度大时病斑产生灰色霉层。严重发生时病斑连片，导致叶片枯死。在抗性品种上病斑多为点状斑，病斑周围有褐色边缘。

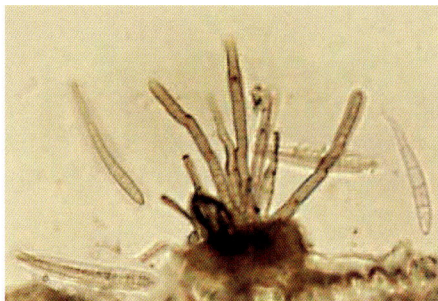

图5-1　玉米灰斑病菌子座与分生孢子

图5-2　玉米灰斑病田间症状

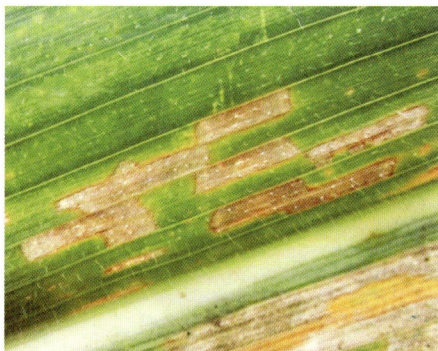

图5-3　玉米灰斑病典型病斑

[发生规律]　灰斑病菌主要以菌丝体和子座在病残体上越冬。翌年越冬病菌遇到适宜条件产生的分生孢子随气流和雨水传播到叶片上，萌发产生芽管和侵染菌丝，从气孔侵入形成初侵染病斑。在多雨季节灰斑病菌可连续多次再侵染。发病最适宜温度为25℃、相对湿度100%或叶片上布满露水。因此，田间湿度大、气温较低时利于病害发生和流行，反之，气候干旱少雨，病害发生轻。品种间抗病性存在明显差异。

[调查要点]　在玉米抽雄后注意调查中下部叶片有无病斑。

[防治技术]

（1）农业防治：种植抗病品种。加强田间管理，促进植株生长，提高抗病力。

（2）化学防治：在发病初期，用75%百菌清可湿性粉剂500倍液、50%多菌灵可湿性粉剂500倍液、10%苯醚甲环唑（世高）水分散粒剂1 500～2 000倍液，或50%退菌特可湿性粉剂800倍液，任选其一喷雾，每隔7～10天喷药1次，连喷2～3次。

6. 玉米锈病

玉米锈病在我国主要有普通锈病和南方锈病两种，病原菌分别是高粱柄锈菌 (*Puccinia sorghi*) 和多堆柄锈菌 (*P. poysora*)，均属担子菌亚门柄锈菌属真菌 (图6-1)。南方锈病主要发生在海南和台湾等地，但近年来在北方局部地区也有发生。普通锈病分布广，各地均有发生。

[识别特征] 普通锈病主要为害叶片，也为害叶鞘和苞叶等。病斑初期为褪绿小斑点，以后逐渐扩大为圆形或椭圆形、黄褐色或红褐色的隆起病斑，即病原菌的夏孢子堆。叶片正面和背面均可发生 (图6-2)。南方锈病的夏孢子堆较小，色泽较淡，多发生在叶片正面，数量多且分布密集 (图6-3)。锈病发生后期可在病斑及其周围产生冬孢子堆，表皮破裂后散出深褐色或黑色粉末状的冬孢子。在抗性品种上表现出褪绿小斑点，不产生夏孢子堆或夏孢子堆很小。

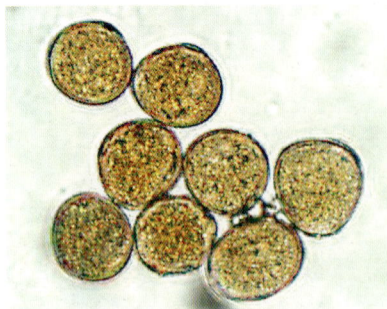

图6-1 普通锈病夏孢子

图6-2 玉米普通锈菌为害状及其夏孢子堆

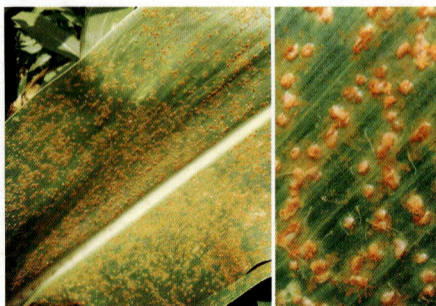

图6-3 玉米南方锈病为害状及其夏孢子堆

[发生规律] 南方锈病在南方以夏孢子辗转传播，完成其周年循环，不存在越冬问题；普通锈菌可在病残体上越冬。除本地菌源外，随气流远距离传播的南方夏孢子也是北方锈病发生的菌源，发病后产生夏孢子引起再侵染。温度适中、多雨高湿气候利于锈病发生，普通锈病在气温16～23℃、南方锈病在气温26～28℃、湿度大时发生重。品种间抗病性差异明显。

[调查要点] 在玉米拔节后，注意调查玉米叶片上有无锈病夏孢子堆，在田间发现发病中心时应及时防治。

[防治技术]

（1）农业防治：种植抗病品种，加强田间管理，施足底肥，增施磷、钾肥，提高植株抗病力。

（2）化学防治：用20%三唑酮（粉锈宁）乳油1 000 ～ 1 500倍液或12.5%烯唑醇（禾果利）可湿性粉剂1 500 ～ 2 000倍液喷雾，间隔7 ～ 10天再防治1次。

7. 玉米纹枯病

玉米纹枯病病原菌有立枯丝核菌（*Rhizoctonia solani*）、禾谷丝核菌（*R. cereallis*）和玉蜀黍丝核菌（*R. zeae*）三种，属半知菌亚门丝核菌属真菌（图7-1）。以立枯丝核菌和玉蜀黍丝核菌为优势病原菌。纹枯病在全国玉米产区普遍发生。

[识别特征] 玉米纹枯病为一种全生育期病害，可侵染根、叶鞘、茎节、叶片、果穗、苞叶等部位。在苗期侵染根系和茎基部导致病部变褐坏死，地上部叶片边缘出现黄褐色云纹状斑，可引起苗枯。成株期多从基部叶鞘发病。初侵染病斑呈水渍状（图7-2）、椭圆形或不规则形。病斑逐渐扩大或多个病斑汇合形成中央灰褐色或黄白色、边缘深褐色云纹状斑块。病菌可从叶鞘发病处直接侵入茎部（图7-3），重者引起茎部腐烂倒折，或沿叶鞘蔓延到叶片、果穗、苞叶（图7-4），并侵入籽粒、穗轴，导致穗腐，严重者可致整株枯死。在田间湿度大时病斑产生大小不等的白色菌丝体，随后变为黑褐色颗粒状菌核（图7-5）。

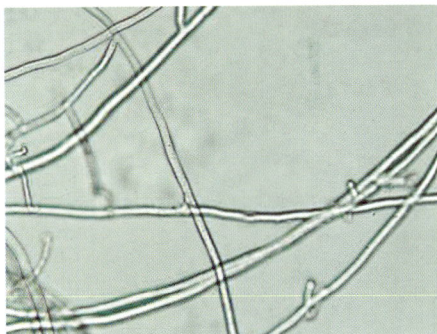

图7-1 玉米纹枯病菌菌丝

图7-2 玉米纹枯病发病初期症状

图7-3　玉米纹枯病茎部发病症状

图7-4　玉米纹枯病菌侵染叶片及苞叶

图7-5　丝核菌菌核

[发生规律]　玉米纹枯病以菌丝和菌核在病残体及土壤中越冬。菌核在干燥的土壤中能存活多年，遇到适宜条件，菌核萌发产生菌丝侵染玉米引起发

病。气温 20～31℃、相对湿度 90%以上的高温、高湿条件利于病害发生。一般低洼地发病重、坡地轻,连作田菌源积累多,发病重。

[调查要点] 在玉米生长期间,注意调查植株下部叶鞘有无云纹状病斑。

[防治技术]

(1)农业防治:选用抗病和耐病品种。加强田间管理,合理密植,增施有机肥、钾肥,控制氮肥。及时排除田间积水,降低田间湿度。重病田块避免秸秆还田。

(2)种子处理:用 2.5%咯菌腈(适乐时)悬浮种衣剂 10～20毫升,加水 500毫升,拌种 10千克。

(3)化学防治:发病初期,用 5%井冈霉素水剂 700～1 000倍液、40%菌核净可湿性粉剂 1 000～1 500倍液、12.5%烯唑醇(禾果利)可湿性粉剂1 000～1 500倍液,任选其一喷雾,重点喷施茎基部,间隔 7～10天再防 1次。

8. 玉米疯顶病

玉米疯顶病又称大孢指疫霉病,是霜霉病的一种。病原菌为大孢指疫霉(*Sclerophthora macrospora*),属鞭毛菌亚门指疫霉属真菌。是一种毁灭性病害(图8-1)。

[识别特征] 玉米疯顶病是一种系统性侵染病害,全生育期均可发病。发病植株叶色较浅,有黄色条纹,叶片表面皱缩,叶脉向背面突起(图8-2);顶部叶片卷曲成牛尾巴状(图8-3)、簇生(图8-4)或扭曲成团(图8-5);有的病株矮小、过度分蘖或异常增高;雄穗增生畸形,小花叶化、簇生呈刺猬状或圆形绣球状(图8-6);雌穗苞叶顶端小叶状增生(图8-7),或分化为多个小穗,呈丛生状。

图8-1 玉米疯顶病田间为害状

[发生规律] 玉米疯顶病菌主要以卵孢子在病残体、土壤中越冬。翌年玉米播种后遇适宜条件,卵孢子萌发产生孢子囊和游动孢子。游动孢子萌发后1～2天即可侵入玉米幼芽而发病。种子带菌是病害传播的主要途径。玉米播种后至5叶期,田间积水利于疯顶病发生。

图8-3 病株顶部叶片扭曲

图8-2 玉米疯顶病病叶

图8-6 雄穗增生呈"刺猬头"或"绣球"状

图8-4 病株顶部叶片簇生

图8-7 丛生状变异雌穗

图8-5 病株顶部叶片扭曲成团

[调查要点]　在玉米7～8叶至成株期，观察植株是否有生长矮化、多分蘖、畸形、心叶扭曲、叶片皱缩、雌穗或雄穗畸形等症状。

[防治技术]

（1）农业防治：种植抗病品种。加强田间管理，排除积水，轮作倒茬。发病田块严禁秸秆还田，及时清除病株，并销毁。

（2）种子处理：用35%甲霜灵拌种剂30克，加水500毫升，拌种10千克。

（3）发病初期用69%安克·锰锌可湿性粉剂1 000倍液、58%甲霜灵·锰锌可湿性粉剂500倍液、72%霜脲·锰锌可湿性粉剂700倍液，或25%甲霜灵可湿性粉剂800倍液喷雾防治。

9.玉米丝黑穗病

玉米丝黑穗病俗称乌米、哑玉米，病原菌为丝轴黑粉菌（*Sphacelotheca reiliana*），属担子菌亚门轴黑粉菌属真菌（图9-1）。在全国玉米产区都有发生（图9-2），尤以春玉米区发生重，近几年在夏玉米上也有发生，是玉米的重要病害之一。

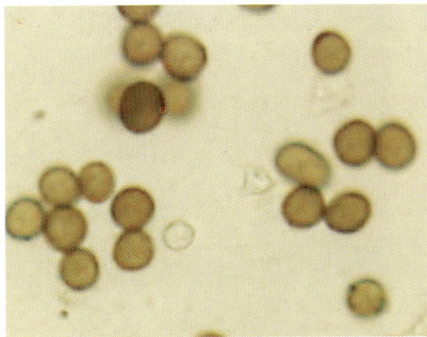

图9-1　丝轴黑粉菌冬孢子

图9-2　玉米丝黑穗病田间为害状

[识别特征]　玉米丝黑穗病苗期叶片会出现黄白色纵向条纹或叶色浓绿及心叶扭曲，植株矮化、分蘖等症状（图9-3）；多数病株在抽穗期才表现典型症状，即雌穗短粗、无花丝、上尖底圆近似球形，内部充满黑粉（冬孢子）和散乱的丝状物。有时也导致雌、雄穗畸形，雌穗颖片被侵染后生长失调，异化成管状长刺，形似刺猬头（图9-4）；雄穗全部或部分小花受侵染后变为黑粉包、刺猬头等畸形症状，甚至不能形成小花，只余雄穗轴（图9-5）。

图9-3　玉米丝黑穗病苗期症状

图9-4　玉米丝黑穗病雌穗症状

[发生规律] 玉米丝黑穗病是系统性侵染病害，种子萌发到4叶期均可侵染。病菌以冬孢子在种子、病残体或土壤中越冬。翌年春、夏季节玉米播种后遇适宜条件，病原菌萌发，由幼芽或根部侵入，逐渐扩展到幼苗生长点，并随生长扩展到全株，造成玉米生长前期的各种畸形症状；成株期病菌破坏雌、雄穗正常生长，形成畸形穗或黑粉包。病菌冬孢子在土壤中可存活2～3年，连作玉米田发病重；地温13～35℃范围内病原菌都能侵染，地温低，出苗慢，易发病。品种间抗病性差异明显。

[调查要点] 在玉米生长前期注意调查田间有无心叶扭曲、矮化等畸形株或植株心叶有无黄

图9-5 玉米丝黑穗病雄穗症状

白色条纹、叶色浓绿等症状；抽穗后注意检查雌穗有无花丝。

[防治技术]

（1）农业防治：种植抗病品种，实行轮作倒茬，加强田间管理；适时晚定苗，及时拔除苗期畸形株；抽穗后及早去除无花丝病株雌、雄穗，带出田外深埋。春玉米区进行地膜覆盖可提温保墒，减轻发病。

（2）种子处理：用2%戊唑醇（立克秀）湿拌种剂40～60克或12.5%烯唑醇（禾果利）可湿性粉剂30～40克，加水500毫升，拌种10千克。

10. 玉米瘤黑粉病

玉米瘤黑粉病俗称灰包、乌霉、黑疸，病原菌为玉蜀黍黑粉菌（*Ustilago maydis*），属担子菌亚门黑粉菌属真菌（图10-1），广泛分布于全国玉米产区。

[识别特征] 玉米全生育期地上各个部位均可被病菌侵染发病。一般症状表现为形

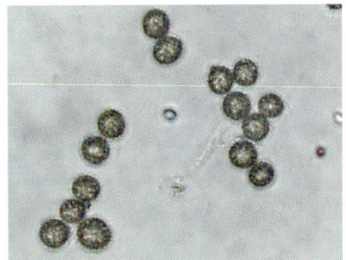

图10-1 玉蜀黍黑粉菌冬孢子

图10-2　玉米瘤黑粉病在植株各部位症状

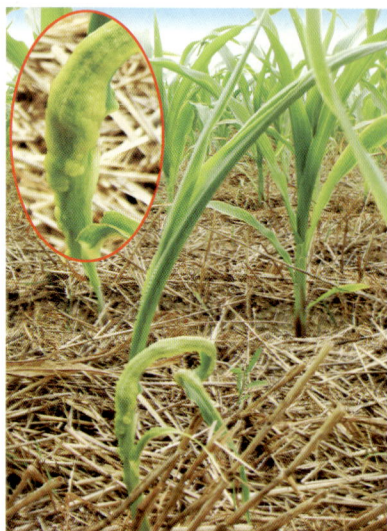

图10-3　玉米瘤黑粉病导致的畸形株

状各异、大小不等的瘤状物（图10-2），部分被害株表现畸形（图10-3）。瘤状物组织初为浅绿色或白色，有时带紫红色，肉质多汁，后逐渐变为灰黑色，外部薄膜破裂后散出粉末状黑粉（即病原菌冬孢子）。叶部瘤状物多发生在叶片中脉两侧及叶鞘，在未出现病瘤之前先形成褪绿斑，一般病瘤小而多，常串生，病部肿厚突起。雄穗大部分或个别小花感病形成长囊状或角状病瘤。果穗感病，全穗或局部形成肿瘤，体型较大，常突破苞叶而外露，外被肉质膜；也可仅侵染籽粒。

[发生规律]　病菌主要以冬孢子在病残体、土壤、粪肥和种子表面越冬。翌年越冬后的冬孢子在适宜温、湿度条

件下萌发产生担孢子和次生担孢子，随风雨或由昆虫携带传播。病害发生适宜温度为26～34℃。组织幼嫩、昆虫或机械损伤等造成伤口，利于病菌侵染，发病重。前期干旱后期多雨或干湿交替易发病。连作地块发病重。品种间抗病性差异明显。

[调查要点] 从玉米出苗后注意植株叶片、叶鞘、茎节、雌穗和雄穗及气生根等地上各个部位有无瘤状物。

[防治技术]

（1）农业防治：种植抗病品种。及时清除田间病瘤并带到田外深埋；重病地块实行轮作倒茬或深翻土地。冷凉地区春玉米播种时进行地膜覆盖可提温保墒，加速生长，增强抗病性。

（2）种子处理：用2％戊唑醇（立克秀）湿拌种剂40～60克或12.5％烯唑醇（禾果利）可湿性粉剂30～40克，加水500毫升，拌种10千克。

（3）化学防治：上年发病较重的田块在玉米出苗后和拔节期各防治1次。用12.5％烯唑醇（禾果利）可湿性粉剂1 000～1 500倍液、50％克菌丹可湿性粉剂200倍液，任选其一喷雾。

11. 玉米顶腐病

玉米顶腐病病原菌（*Fusarium subglutinans*）为亚黏团镰刀菌，属半知菌亚门镰刀菌属真菌。是近几年春玉米区的一种新病害。

[识别特征] 玉米顶腐病由苗期至成株期均可表现矮化症状（图11-1）。病株中上部叶片基部多表现失绿，边缘组织呈现黄化条纹和刀削状缺刻或叶尖枯死（图11-2）；有的病株心叶基部腐烂枯干，使心叶不能展开形成鞭状直立或扭曲畸形（图11-3）；感病严重的植株矮小，茎基部节间短小，常出现纵向开裂，纵切面有褐色病变（图11-4），此类病株多不结实或雌穗瘦小，结实少。

[发生规律] 病原菌在土壤、病残体和带菌种子上越冬，成为来年玉米发病的初侵染菌源；该病可通过种子向其他地区扩散。顶腐病不仅具有系统侵染特征，而

图11-1 玉米顶腐病导致的矮化植株

图11-2　玉米顶腐病病株叶片残缺撕裂

图11-3　玉米顶腐病病株叶片扭曲畸形

图11-4　玉米顶腐病茎基部纵裂及褐变

且病株产生的病原菌分生孢子还可随风雨传播，进行再侵染，加重为害。病菌生长适宜温度25～30℃。低洼、土质黏重和水田改旱田地块发病重，山坡岗地发病轻。品种间抗病性差异明显。

　　[调查要点]　在玉米苗期调查有无顶腐病典型症状病株。

　　[防治方法]

　　（1）农业防治：与非禾本科作物轮作倒茬，尽量避免在低洼地块种植，及时拔出病株。

　　（2）种子处理：用2.5%咯菌腈（适乐时）悬浮种衣剂10毫升、2%戊唑醇

（立克秀）湿拌剂40～60克或12.5%烯唑醇（禾果利）可湿性粉剂30～40克，任选其一，加水500毫升，拌种10千克。

（3）化学防治：发病初期用50%多菌灵可湿性粉剂500～800倍液或12.5%烯唑醇（禾果利）可湿性粉剂1 000～1 500倍液喷雾。

12.玉米茎基腐病

玉米茎基腐病亦称玉米青枯病，在全国玉米产区均有发生。病原菌有多种，主要是镰孢菌和腐霉菌。镰孢菌主要有禾谷镰刀菌（*Fusarium graminearum*）和串珠镰刀菌（*F. moniliforme*）。腐霉菌主要是瓜果腐霉（*Pythium aphanidermatum*）、囊肿腐霉（*P. inflatum*）和禾生腐霉（*P. graminicola*）。由于茎基腐病的病原菌种类复杂，不同地区间致病菌种类有较大差异。

[识别特征]　玉米茎基腐病一般从灌浆至乳熟期开始发病，玉米乳熟末期至蜡熟期为显症高峰期。严重发生可导致植株枯死。根据症状不同可分为青枯型茎基腐和黄枯型茎基腐。

青枯型茎基腐　多在潮湿环境下引起急性发病症状（图12-1）。整株叶片在短时间内突然变为青灰色，失水干枯，果穗下垂，灌浆不足；茎基部发黄变褐，内部疏松（图12-2）；根系水渍状或红褐色腐烂（图12-3）。

黄枯型茎基腐　在相对干旱的地区发生，发病缓慢，病株叶片自下部开始逐渐变黄枯死，果穗下垂，灌浆不足（图12-4）；茎基部变软，内部组织褐色或红色腐烂，维管束丝状（图12-5）；根系腐烂破裂，粉红色或褐色（图12-6）。

图12-2　病茎内部组织疏松

图12-1　青枯型茎基腐病

图12-3 病株根部变褐

图12-4 黄枯型茎基腐病

图12-5 病茎基部内部组织变褐

健株　病株

图12-6 病株根部变褐腐烂

[发生规律]　玉米茎基腐病原菌中镰孢菌以菌丝和分生孢子、腐霉菌以卵孢子在病残体、种子或土壤中越冬，成为翌年的初侵染源。病菌在玉米各生长期均可借雨水由根部经地下害虫或机械造成的伤口侵入，逐步扩展至茎基部。高温多雨、土壤湿度大利于病菌侵染，乳熟至近成熟期雨后骤晴利于发病。玉米连作发病重。

[调查要点]　在玉米灌浆期间，雨后调查田间有无整株叶片黄枯或青枯症状，如手捏枯死株茎基部有疏松现象，可确诊为该病。

[防治技术]

（1）农业防治：种植抗病品种，重病区进行轮作倒茬。加强田间管理，适量增施钾肥，排除田间积水，提高作物抗病性。

（2）土壤处理：对上年发病较重地块，亩[*]用85%三氯异氰脲酸可溶性粉剂100～150克或40%二氯异氰尿酸钠可溶性粉剂250～500克拌20千克细土或细沙，整地前均匀撒于田中，进行土壤消毒。

（3）种子处理：用玉米生物型种衣剂（ZSB）按1∶40的比例拌种。或用2.5%咯菌腈（适乐时）悬浮种衣剂10毫升或12.5%烯唑醇（禾果利）可湿性粉剂30～40克拌种10千克。

（4）化学防治：常年重病地块、种植感病品种灌浆期，雨后马上用46.1%氢氧化铜水分散粒剂（可杀得叁千）1 500倍液，或50%氯溴异氰脲酸水溶性粉剂1 000倍液喷淋茎基部。

13. 玉米细菌性茎腐病

玉米细菌性茎腐病病原菌为菊欧文氏玉米致病变种（*Erwinia chrysanthemi* pv. *zeae*），是一种杆状细菌。在国内部分玉米产区发生严重。

[识别特征] 该病多发生在玉米生育中期，主要为害中下部茎秆（图13-1）和叶鞘。发病叶鞘初期出现水渍状圆形、椭圆形病斑，扩展后病斑形状不规则，黑褐色，边缘波浪状，浅红褐色。茎秆病斑可环绕茎部，发病部位迅速软化、凹陷、腐烂（图13-2），叶片呈现青枯状萎蔫，植株倒折。发病处常有淡黄色菌脓溢出并有腥臭味。

图13-2 病株茎秆被害部位腐烂

图13-1 细菌性茎腐病田间发病状

---

* 亩为非法定计量单位，1亩≈667米^2。

[发生规律] 病原细菌在病残体、带菌种子和粪肥上越冬。翌年在拔节后，病菌由植株气孔、水孔或伤口处侵入引起发病。玉米连作地块田间菌量积累多，发病重。虫害造成大量伤口有利于细菌的侵入。在26～36℃范围内病菌都能侵染，高温、高湿天气利于病害发生。在雨后或灌溉后，低洼、排水不畅地块发病重。

[调查要点] 在玉米拔节至喇叭口期，注意调查植株中下部有无软化腐烂和具有腥臭味病株。

[防治技术]

（1）农业防治：种植抗病品种。重病田块避免秸秆还田，实行轮作倒茬，合理密植，加强田间管理，排除田间积水。及时拔除初发病株，带出田间烧毁，并用生石灰将病穴消毒。

（2）化学防治：高发区以预防为主，拔节后雨季前用46.1%氢氧化铜水分散粒剂（可杀得叁千）1 500倍液、25%噻枯唑（叶枯唑）可湿性粉剂300倍液、20%噻菌铜（龙克菌）悬浮剂500倍液、85%三氯异氰脲酸（治愈）可溶性粉剂1 500倍液喷雾预防。同时应注意防治虫害。

14. 玉米粗缩病

玉米粗缩病病原为水稻黑条矮缩病毒（*Rice black-streaked dwarf Fijivirus*，RBSDV），俗称坐坡、万年青，是我国玉米产区的重要病害（图14-1），近年在晚春播和套种玉米上发生有加重趋势。

[识别特征] 粗缩病在玉米各生育期均可感病。苗期受害重，被侵染植株5～6叶期即表现明显症状（图14-2）。发病初期心叶正面基部和中脉两侧细

图14-1 玉米粗缩病田间发病状

图14-2 玉米粗缩病苗期症状

脉出现透明褪绿条点，呈断续虚线状，后逐渐扩展到整个叶片，呈细线条状，称为脉明（图14-3）。病株叶背、叶鞘和苞叶的叶脉上有长短不等的蜡白色条状隆起，称为脉突（蜡白条）（图14-4）。发病重的植株节间短缩，叶片对生，叶色浓绿，叶片僵直、宽短而肥厚，病株显著矮于健株。发病重的植株多不结实（图14-5）或结实不良。

[发生规律]　玉米粗缩病主要由带毒灰飞虱（图14-6）传播。在我国北方，玉米粗缩病毒在冬小麦以及多年生禾本科杂草等寄主植物或灰飞虱体内越冬。翌年，玉米出苗后，被带毒灰飞虱取食而感染发病。因此，粗缩病的发生

图14-3　粗缩病病株叶片上的脉明

图14-4　粗缩病病株叶片上的脉突

图14-5　病株很少结实

图14-6　传毒介体灰飞虱

程度与带毒灰飞虱发生数量相关。一般晚春播玉米和早夏套种玉米发病重。玉米在4～5叶期以前容易感病，10叶期以后抗病性增强，发病轻。玉米出苗至5叶期如与灰飞虱发生高峰期相遇则发病重。田间管理粗放、杂草多，灰飞虱虫口密度大，则发生重。病株田间分布不均，临近路边和沟渠杂草丛生处发病重。玉米品种间抗病性存在明显差异。

[**调查要点**]　玉米苗期注意调查灰飞虱田间虫量及田间病株数量。

[**防治技术**]

（1）农业防治：种植抗、耐病品种；调整播期，避免套播和晚春播，避开灰飞虱发生高峰期；加强田间管理，铲除杂草，及时拔除病株，减少毒源。

（2）种子处理：用70%噻虫嗪（锐胜）可分散粒剂10～20克或70%吡虫啉可湿性粉剂30克，任选其一加20%病毒A 20克，对水500毫升，拌种10千克。

（3）化学防治：玉米播种后定苗前重点防治传毒昆虫灰飞虱。可用10%吡虫啉可湿性粉剂1 000～1 500倍液、30%乙酰甲胺磷乳油1 000倍液、50%马拉硫磷乳油1 000～1 500倍液、25%噻嗪酮（扑虱灵）可湿性粉剂1 000倍液、2.5%溴氰菊酯乳油2 000～3 000倍液或10%氯氰菊酯乳油2 000～3 000倍液，任选一种与5%菌毒清可湿性粉剂500倍液或3.8%三氮唑核苷·铜·锌（病毒必克）水乳剂500倍液混合，在田间和周边杂草上一同喷雾。

15. 玉米矮花叶病毒病

玉米矮花叶病毒病是由玉米矮花叶病毒（*Maize dwarf mosaic virus*, MDMV）引起的主要病害，在我国发生的主要是甘蔗花叶病毒—玉米矮化B株系（Sugarcane Mosaic Virus‑Maize Dwarf Strain B., SCMV‑MDB），以华北和西北玉米产区发生较重。

[**识别特征**]　矮花叶病多发生在玉米苗期至抽穗期，苗期侵染，可导致植株不能抽穗，危害较重；抽穗后发病，危害较轻（图15-1）。发病初期在心叶脉间形成椭圆形褪绿斑点，后逐渐变为断续的黄色条点，长短不一（图15-2），后期形成黄绿相间的条纹，迅速扩展到整个叶片（图15-3）。发病重的叶片变黄，组织脆硬，植

图15-1　玉米矮花叶病毒病田间发病状

图15-2　玉米矮花叶病毒病叶部早期症状

图15-3　玉米矮花叶病毒病叶片后期症状

株矮小，高度不及健株的1/2；叶尖、叶缘干枯；多数植株不能抽穗，部分病株虽能抽穗，但果穗小，籽粒秕瘦。

[发生规律]　该病主要通过蚜虫和种子带毒传播，枝叶摩擦也可传毒。自然条件下玉米矮花叶病毒的初侵染来源主要是多年生禾本科杂草和越冬带毒作物，其次是带毒的玉米种子。初春，越冬蚜虫或初孵若虫，在带毒寄主上取食而获毒，并为害春玉米。以后又随有翅蚜迁飞传播至夏玉米。带毒种子也可导致幼苗发病，并以病株为发病中心，借蚜虫或病、健株叶片摩擦而向周围传播。玉米品种间抗病性差异非常显著，大量种植感病品种是造成该病流行的主要原因。在北方6～7月，气候干旱，蚜虫大量繁殖迁飞，有利于病害流行。

[调查要点]　玉米苗期注意调查蚜虫及病株数量。

[防治技术]

（1）农业防治：种植抗病品种，避免套播玉米，采取地膜覆盖或调节播期，避开蚜虫迁飞高峰期。加强田间管理，铲除杂草，及时拔除病株，减少毒源。

（2）种子处理：用70%噻虫嗪（锐胜）可分散粒剂10～20克或70%吡虫啉可湿性粉剂30克，加20%病毒A 20克，对水500毫升，拌种10千克。

（3）化学防治：喷雾防治蚜虫，减少传毒介体。可用10%吡虫啉可湿性粉剂1 000～1 500倍液、4.5%高效氯氰菊酯乳油1 500倍液，或40%乐果乳油1 000倍液、30%乙酰甲胺磷可湿性粉剂1 000倍液，任选一种与5%菌毒清可湿性粉剂500倍液或3.8%三氮唑核苷·铜·锌（病毒必克）水乳剂500倍液混合，在田间和周边杂草上一同喷雾。

16. 玉米苗枯病

玉米苗枯病病原菌有多种，主要以镰刀菌（*Fusarium* spp.）、立枯丝核菌（*Rhizoctonia solani*）和腐霉菌（*Pythium* spp.）等3大类群为主。其中镰刀菌主要是串珠镰孢菌（*F. moniliforme*）和茄类镰孢菌（*F. solani*）；腐霉菌主要是德巴利腐霉（*P. debaryanum*）、钟器腐霉（*P. vexans*）和终极腐霉（*P. ultimum*）。另外，蠕孢菌、链格孢菌也能引起苗枯病。由于生态环境不同，不同地区病原菌存在明显差异。该病在我国大部分玉米产区都有发生，以南方较重，北方局部地区近几年有加重趋势。严重发生可造成毁种。

[识别特征]　苗枯病病株矮小，生长缓慢，叶片呈失水状灰绿色。随后叶鞘撕裂，叶片由下向上黄化（图16-1）、干枯，严重时导致死苗，造成缺苗断垄。被害株种子根和根尖变褐，侧根褐色水渍状，次生根少；中胚轴变褐腐烂（图16-2），严重发生缢缩断裂。茎基部水渍状腐烂（图16-3）。另外，腐霉侵染容易造成种子腐烂。立枯丝核菌引起的苗枯在茎基部叶鞘上可见云纹状病斑，并引起叶枯。

[发生规律]　玉米苗枯病主要病原菌腐生性强，一般可在土壤中长期存活2～3年。镰刀菌苗枯病主要由带菌种子引起，该病菌在种子萌发后，由受侵

图16-1　玉米苗枯病导致叶片黄化枯死

健株　　病株

图16-2　玉米苗枯病中胚轴腐烂

图16-3　玉米苗枯病病茎基部变褐状

染种子扩展到幼苗组织而引起发病；腐霉菌苗枯病主要由土壤中的病原菌侵染引起，种子带菌也能致病，病原菌通过芽管和菌丝由种皮裂口或直接侵入，导致种子组织腐烂，或由菌丝直接或通过伤口侵入玉米侧根或幼茎导致根腐、苗枯；立枯丝核菌苗枯病是由土壤中的菌核、菌丝侵染导致，该菌从播种至出苗均可侵染。该病可通过雨水或灌溉传播蔓延。地势低洼，排水不良，种子质量差，播种过深，土壤黏度大发病重。播种过早或播种后遇长期低温、高湿天气易发病。

[调查要点]　在玉米苗期进行田间调查，拔出弱小苗，检查根部发病情况。

[防治技术]

（1）农业防治：适期播种，施足底肥。对发病轻的地块，加强中耕管理，提高地温，促苗早发快长，增强抗病能力。低洼地块雨后应及时排水。

（2）种子处理：用70%恶霉灵可湿性粉剂30克，加水500毫升，拌种10千克。同时可加入云大120（0.0 016%丙酰芸苔素内酯）水剂10毫升对水5千克喷湿拌匀。

（3）发病初期用70%恶霉灵4 000倍液、50%甲基硫菌灵（甲基托布津）可湿性粉剂500倍液或50%多菌灵可湿性粉剂500倍液针对根部喷灌药剂，间隔7天再喷1次。同时可用云大120水剂1 500～2 000倍液和叶面肥喷淋植株，促根发苗。

二、玉米虫害

17. 蝼蛄

蝼蛄，俗称拉拉蛄、土狗。主要种类有华北蝼蛄（*Gryllotalpa unispina*）和东方蝼蛄（*Gryllotalpa orientalis*），是玉米主要地下害虫。主要通过咬食未出苗种子和玉米幼苗根茎造成缺苗断垄。

[形态特征]

成虫　华北蝼蛄（单刺蝼蛄，图17-1）成虫黑褐色，体长39～45毫米，触角丝状，腹末尾须1对；东方蝼蛄（图17-2）体浅黄褐色，体长30～35毫米，全身被细毛。两种蝼蛄主要以后足胫节背侧刺的数量来区分：其中1个刺的为华北蝼蛄（单刺蝼蛄），3～4个刺的为东方蝼蛄。

图17-1　华北蝼蛄

图17-2　东方蝼蛄

卵（图17-3）　椭圆形。华北蝼蛄卵初产为黄白色，后变黄褐色，孵化前呈暗灰色，长2.4～3毫米，宽1.5～1.8毫米。东方蝼蛄卵初产为乳白色，后变黄褐色，孵化前为暗褐色或暗紫色，长约4毫米，宽约2.3毫米。

若虫（图17-4）　若虫与成虫相似，低龄若虫无翅芽。单刺蝼蛄13龄，东方蝼蛄7～8龄，初孵若虫乳白色至黄色，随着生长发育体色逐渐加深。

图17-3　蝼蛄卵

图17-4　蝼蛄若虫

[发生规律]　华北蝼蛄在我国北方3年1代，以八龄以上若虫和成虫在冻土层以下越冬。翌年春季当土温上升至8℃时，越冬蝼蛄上移到土壤表层活动，在地表留有串行隧道。4～5月为害返青小麦和玉米等春播作物。6～7月成虫产卵于土室，每头雌虫产卵80～800粒，孵出若虫为害秋播作物。以八、九龄若虫越冬，第二年以十二、十三龄若虫越冬，第三年越冬若虫羽化为成虫。东方蝼蛄2年1代，在南方1年1代，以若虫和成虫越冬。第二年越冬后的成虫5月下旬产卵，每头雌虫平均产卵150粒，孵出若虫为害夏、秋作物后越冬，翌年若虫继续为害后羽化为成虫。

两种蝼蛄的成虫和若虫均可为害作物，受害玉米幼苗的根颈部被咬成乱麻状。蝼蛄具有趋光性，并对香甜物质，如煮成半熟的谷子、炒香的豆饼、麦麸等，及马粪等有机肥具有强烈趋性。

[调查要点]　玉米播种后在幼苗生长期，注意观察有无蝼蛄在地表串行形成的隧道以及被害苗根颈部是否呈乱麻状，当被害株达3%时应及时防治。

[防治技术]

（1）灯光诱杀：在4～10月设置杀虫灯诱杀成虫。

（2）种子处理：用40%甲基异柳磷乳油10毫升、50%辛硫磷乳油10毫升、70%噻虫嗪（锐胜）可分散粒剂10～20克、70%吡虫啉可湿性粉剂30克任选其一，加水500毫升，拌种10千克。

（3）毒土毒饵：每亩用50%辛硫磷乳油250～300毫升、2%甲基异柳磷粉剂或5%敌百虫粉剂2.5～3千克，任选其一，加3～5倍水喷拌在25～30千克细土上制成毒土，撒于播种沟内。或用50%辛硫磷乳油50～100毫升，加适量水拌炒香的棉籽饼、豆饼、麦麸或煮半熟的谷子（晾干）2～3千克，制成毒饵在傍晚撒于田间。

18．蛴螬

蛴螬，（图18-1）俗称白地蚕，为鞘翅目金龟总科幼虫。蛴螬在我国分布广、种类多。主要种类有铜绿丽金龟（*Anomala corpulenta*，图18-2）、华北大黑鳃金龟（*H. oblita*，图18-3）、黄褐丽金龟（*A. exoleta*，图18-4）和东北大黑鳃金龟（*Holotrichia diomphalia*）等。主要通过幼虫咬食籽粒和幼苗根部（图18-5），导致植株萎蔫死亡（图18-6）和缺苗断垄。

图18-1 蛴螬

图18-2 铜绿丽金龟

图18-3 华北大黑鳃金龟

图18-4 黄褐丽金龟

图18-5 蛴螬为害幼苗根

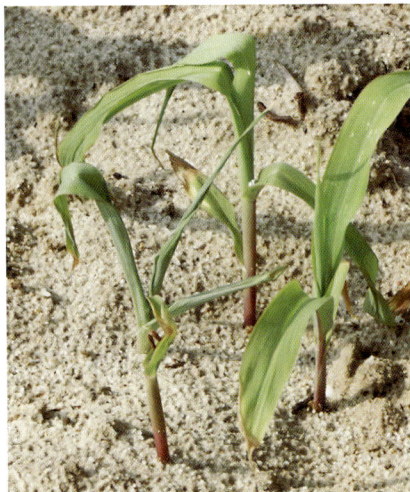

图18-6 蛴螬田间为害造成植株萎蔫

[形态特征] 蛴螬为金龟子幼虫，不同种类大小有所差别，一般体长30～45毫米，乳白色。体壁柔软、多皱，向腹面弯曲呈C字形，体表疏生细毛。头大而圆，多为黄褐色或红褐色。有胸足3对，一般后足较长。腹部10节，末节称为臀节，生有刺毛，不同种类刺毛的数量和排列有明显差别。铜绿丽金龟幼虫臀节的刺毛呈两行排列，约15～18对；黄褐丽金龟幼虫臀节刺毛由两种刺毛组成，前段为尖端向中央弯曲的短锥状刺毛，一般每列10～15根，后段为长针状刺毛，每列7～13根，均为两行排列。华北大黑鳃金龟幼虫和东北大黑鳃金龟幼虫臀节无刺毛，只有钩毛群。

[发生规律] 铜绿丽金龟、黄褐丽金龟1年发生1代，东北大黑鳃金龟、华北大黑鳃金龟2年发生1代，均以幼虫（蛴螬）在土壤中越冬。翌年春季天气回暖后，越冬幼虫逐渐从深层土壤移至耕层为害。蛴螬终生栖息于土壤中，其活动主要与土壤的理化性质和温湿度密切相关。一年当中适宜活动的土壤平均温度为13～18℃，高于23℃或低于10℃即逐渐向深土层转移。一般有机质多、疏松的地块蛴螬发生重，相反土壤黏重，有机质含量低的地块发生轻。铜绿丽金龟成虫有昼伏夜出习性，咬食玉米叶片，造成叶片缺刻并留有绿色虫粪。

[调查要点] 在玉米苗期当发现有枯萎植株，并挖出有蛴螬时，采用5点取样方法，每点50～100株，平均被害株达到3%时应及时防治。

[防治技术]

（1）灯光诱杀：蛴螬成虫有趋光性，在5～8月可利用黑光灯诱杀成虫，减少田间虫卵量。

（2）种子处理：用40%甲基异柳磷乳油10毫升、50%辛硫磷乳油10毫升、

70%噻虫嗪（锐胜）可分散粒剂10～20克、70%吡虫啉可湿性粉剂30克，任选其一，加水500毫升，拌种10千克。

（3）施用毒土、颗粒剂：每亩用50%辛硫磷乳油250～300毫升、2%甲基异柳磷粉剂或5%敌百虫粉剂2.5～3千克，任选其一，加3～5倍水喷拌在25～30千克细土上制成毒土，撒于播种沟内。或2.5%甲基异柳磷（地达）颗粒剂2 400～2 600克，播种时随肥施入。

（4）药剂灌根：用48%毒死蜱乳油1 500倍液、30%乙酰甲胺磷乳油800倍液或50%辛硫磷乳油1 000倍液在蛴螬为害期灌根。

19. 金针虫

金针虫属鞘翅目叩头甲科幼虫。为害玉米的主要有沟金针虫（*Pleonomus canaliculatus*）、细胸金针虫（*Agriotes fuscicollis*）和褐纹金针虫（*Melanotus caudex*）。蛀食玉米种子、幼苗根颈部（图19-1），使幼苗枯死（图19-2），造成缺苗断垄。

图19-1　金针虫为害幼苗根部

图19-2　金针虫田间为害造成萎蔫

[形态特征]

成虫（图19-3）　三种金针虫的成虫体色有深褐色至棕红或暗黑至黑色。其中沟金针虫的体长较大，约14～18毫米，细胸金针虫和褐纹金针虫体长较短，约7～14毫米。

卵　三种金针虫的卵均为乳白色，圆形或椭圆形，宽0.5～1.0毫米。

幼虫（图19-4）　沟金针虫体黄褐色，有光泽；老熟幼虫体长20～30毫米，宽4毫米，中央有一条纵沟，尾节分叉，叉的内侧各有一个小齿。细胸金

图19-3 金针虫成虫

沟金针虫　细胸金针虫　褐纹金针虫

图19-4 金针虫幼虫

针虫幼虫体细长，淡黄褐色，有光泽；老熟幼虫体长约23毫米，宽约1.3毫米，尾节圆锥形，不分叉。褐纹金针虫幼虫体色较深，红褐色；老熟幼虫体长25～30毫米，宽1.7毫米，尾节近圆锥形，末端有3个齿状突起。

蛹　三种金针虫的蛹均为纺锤形，初为乳白色，后变黄色。沟金针虫蛹长15～17毫米，细胸金针虫和褐纹金针虫的蛹较短，约为8～12毫米。

[发生规律]　金针虫的生活史不同种类间有明显差别，沟金针虫3～4年发生1代，褐纹金针虫3年1代，细胸金针虫2～3年1代。三种金针虫均以幼虫或成虫在20～40厘米土层越冬。成虫4～5月出土活动，昼伏夜出，交尾产卵于土中。幼虫孵出后在土中生活700～1 200天，随土温变化有上升、下移的活动习性。沟金针虫、细胸金针虫和褐纹金针虫在10厘米地温分别下降到4～8℃、3.5℃和8℃时下移越冬，高于上述温度时则上移为害。不同种类金针虫对土壤环境的适应能力有明显差别，沟金针虫幼虫多发生在沙壤土和黏壤土的旱地平原地区，春季雨水较多、墒情好时为害重；细胸金针虫多发生在水浇地和保水能力较好的黏重土壤中；褐纹金针虫适宜发生于湿润疏松、有机质含量1%以上的土壤中。细胸金针虫和沟金针虫成虫有趋光性。

[调查要点]　调查玉米苗期有无萎蔫植株，并检查受害株根部有无金针虫或其钻蛀的孔洞，当被害株率达3%时应及时防治。

[防治技术]

（1）灯光诱杀：可在成虫发生期设置杀虫灯诱杀成虫。

（2）种子处理：用40%甲基异柳磷乳油10毫升、70%噻虫嗪（锐胜）可分散粒剂10～20克、70%吡虫啉可湿性粉剂30克，任选其一，加水500毫升，拌种10千克。

（3）毒土：播前每亩用2%甲基异柳磷粉剂或5%敌百虫粉剂2.5～3千克加细土30千克，拌匀后撒施于播种沟内。

（4）药液灌根：可在幼虫为害期用48%毒死蜱乳油1 500倍液或50%辛硫磷乳油1 000倍液灌根。

20.地老虎

北方为害玉米的地老虎主要种类有小地老虎（*Agrotis ypsilon*，图20-1）、黄地老虎（*A. segetum*，图20-2）和八字地老虎（*A. c-nigrum*，图20-3）等，均属鳞翅目夜蛾科。为玉米苗期重要地下害虫。

图20-1　小地老虎

图20-2　黄地老虎成虫

图20-3　八字地老虎幼虫

[形态特征]　三种地老虎的主要形态特征见下表。

三种地老虎的主要形态特征表

特征 \ 种类		小地老虎	黄地老虎	八字地老虎
成虫	体长	16～23毫米	14～19毫米	11～13毫米
	翅展	43～54毫米	31～43毫米	29～36毫米
	体色	前翅暗褐色，前缘色较深，亚基线、内横线、外横线均为暗色中间夹白的波纹双线，前端部分夹白特别明显；剑纹轮廓黑色，肾纹、环纹暗褐色，边缘黑色、肾纹外侧有1个尖朝外的三角形黑斑，亚外缘线有两个向内的三角形黑斑	淡褐色，前翅黄褐色，翅面散布小黑点，各横线均为双曲线，但多不明显；肾纹、环纹、剑纹明显，均围以黑边，中央有暗褐色点	前翅灰褐色带紫色，基线双线黑色，外缘翅褶处黑褐色；内横线双线黑色，微波形环纹具褐色黑边，肾纹褐色；前方有两个黑点，中室黑色，但从前缘起有1黑褐色三角形，顶角直达中室后缘中部；外横线双线锯齿形外弯，各脉有1小黑点，亚缘线灰色前端有1黑斑；端区各脉间有中黑点
老熟幼虫	体长	41～50毫米	33～43毫米	33～37毫米
	体征	黄褐色至黑褐色，体表粗糙，满布龟裂状皱纹和大小不等的黑色颗粒；臀板黄褐色，有2条深褐色纵带	淡黄褐色，多皱纹，臀板具2大块黄褐色斑，中央纵断，小黑点较多	黄色至褐色，背侧面满布褐色不规则花纹，体表较光滑，无颗粒；背线灰色，亚背线由不连续的黑褐色斑组成，从背面看呈倒八字形

[发生规律]　三种地老虎在我国北方1年发生2～3代，均以幼虫在玉米苗期为害。除小地老虎在北方不能越冬外，其他两种均以幼虫在土中越冬。三种地老虎成虫都有昼伏夜出习性和趋光性。另外，小地老虎成虫还有远距离迁飞的习性。6月间在黑光灯下均能诱到成虫，一般在6月中旬出现蛾峰。三种地老虎喜食玉米，尤其麦套玉米苗受害重。地老虎幼虫为害幼苗主要将茎基部咬成孔洞或咬断（图20-4）；八字地老虎除为害根颈部外也取食叶片（图20-5）。小地老虎有时还将咬倒的幼苗拖到洞穴取食。三种地老虎四龄以上幼虫都有昼伏夜出和转株为害的习性。受到惊动后虫体呈C形假死。

[调查要点]　6月上中旬注意黑光灯诱蛾数量，调查幼苗被害率，当被害

图20-4　小地老虎为害玉米

图20-5　八字地老虎为害玉米

株率达3%时及时防治。

[防治技术]

（1）种子处理：用40%甲基异柳磷乳油10毫升、50%辛硫磷乳油10毫升、20%氯虫苯甲酰胺悬浮剂（康宽）20毫升，任选其一，加水500毫升，拌种10千克。

（2）物理防治：在成虫发生期用糖醋液和灯光诱杀。

糖醋液诱杀：用红糖3份、米醋4份、白酒1份、水2份，加1%的90%晶体敌百虫配制成糖醋液，放在小盆内，每天傍晚放置于田间，第二天早上把糖醋液盆取回，捡出蛾子并深埋处理。每10天更换一次诱液。

灯光诱杀：可选用杀虫灯诱杀成虫，灯高1.5～2米，每30～40亩设置一盏。

（3）施用毒土：播前每亩用50%辛硫磷乳油250～300毫升，加3～5倍水，喷拌25～30千克细沙土制成毒土，撒施于播种沟内。

（4）毒饵诱杀：每亩用90%晶体敌百虫50克加水250～500毫升，喷拌炒熟麦麸5千克，傍晚撒在玉米行间，每隔一段距离撒一小堆。

（5）化学防治：用20%氯虫苯甲酰胺悬浮剂（康宽）3 000倍液、48%毒死蜱乳油1 500倍液、5.7%氟氯氰菊酯（百树菊酯）乳油2 000～2 500倍液、4.5%高效氯氰菊酯乳油1 500～2 000倍液或5%氟啶脲（抑太保）乳油1 500～2 000倍液，于傍晚喷施于作物茎基部，防治三龄前幼虫。

21. 二点委夜蛾

二点委夜蛾 [*Athetis (Proxenus) lepigone*] 属鳞翅目夜蛾科（图21-1）。主要分布于日本、朝鲜半岛、俄罗斯、欧洲等地。2005年由作者在我国首次发现为害玉米并鉴定，国内除河北外，山东也有为害报道，目前，具体发生范围不详。该虫以幼虫咬食玉米根或钻蛀根颈部，造成倒伏或死苗。

成虫　　卵

幼虫　　蛹　　土茧

图21-1　二点委夜蛾

[形态特征]

成虫　体长10～12毫米，翅展20毫米左右。雌虫体略大于雄虫，头、胸、腹灰褐色，有暗色细点；前翅灰褐色，内线、外线暗褐色，环纹为一黑点；肾纹小，有黑点组成的边缘，外侧中凹，有1白点；外线波浪形，翅外缘有一列黑点约7～8个。后翅白色微亮，端区暗褐色。雄蛾外生殖器的抱器瓣端部宽，背缘凹，中部有一钩状突起；阳茎内有刺状阳茎针。

卵　扁圆形，馒头状，卵顶部圆，底部平，直径约0.5毫米，卵宽大于高，周围有竖沟，突起部分自上而下有许多横道。初产卵为浅绿色，逐渐变为浅黄，孵化前为黄褐色。

幼虫　老熟幼虫体长20毫米左右。体灰褐色，头部褐色；腹背两侧各有一条边缘为灰白色的深褐色纵带，每节中部前缘隐约可见倒V形斑纹。每节对称分布有4个黑褐色毛瘤，边缘色浅，前2个间距窄，后2个间距宽。气门黑褐色，边缘色浅。

蛹　体长10毫米左右，化蛹初期为淡黄褐色，逐渐变为褐色。

二点委夜蛾与地老虎幼虫的区别见下表。

二点委夜蛾与地老虎幼虫区别

种类	二点委夜蛾	黄地老虎	小地老虎
体长	约20毫米	36～40毫米	37～47毫米
体色	灰褐色	黄褐色	黄褐色至暗褐色
体背	腹背两侧各有一条边缘为灰白色的深褐色纵带，中间每节前缘隐约可见倒V形斑纹。每节对称分布有4个黑褐色毛瘤，边缘色浅，前2个间距窄，后2个间距宽	有1条深褐色条纹，但不甚明显，表面多皱纹，看不出有颗粒	有色淡的纵带，表皮粗糙，有大小间杂的颗粒
被害特征	茎基部有蛀孔或咬断根部，致倒伏和萎蔫	茎基部有蛀孔或被咬断	茎基部被咬断

[发生规律]　据资料记载，日本1年发生2代，在我国发生世代不详。作者调查，在河北中南部黑光灯6～9月夜间均能诱到成虫。6月中旬至7月初出现第一高峰期，7月中下旬至8月上旬出现第二高峰期；8月下旬至9月下旬仍可见蛾，但数量较少。成虫有趋光性和昼伏夜出习性，白天隐藏在玉米下部叶背或土缝间。飞翔高度1米左右，每次飞翔距离3～5米。成虫喜于麦套玉米田活动。卵多散产于玉米苗基部和附近土壤，卵期3～5天。孵化后的幼虫躲在玉米根际还田的碎麦秸下或2～5cm的表土层为害玉米苗，少则一株有虫1～5头，多则20头以上（图21-2）。在玉米3～5叶期蛀食玉米茎基部形成3～4毫米圆形或椭圆形孔洞，造成植株心叶萎蔫枯死（图21-3）；玉米8～10叶期，咬食玉米主根和次生根，造成倒伏（图21-4），严重者枯死。幼虫具假死性，受到惊动即变成C形；幼虫有转株为害习性，被害株枯死后，幼虫即转移到附近植株继续为害。虫龄不整齐。幼虫老熟后在土中吐丝，将体旁土粒黏结成土室，并在其中化蛹。蛹期8～10天。该虫在田间分布不均，喜聚集藏匿于麦秸和麦糠下，麦秸覆盖密度大的地块发生较重。

图21-2　二点委夜蛾幼虫群居为害

图21-4　幼虫为害根部致倒伏

图21-3　幼虫为害造成心叶萎蔫

[调查要点]　自6月上旬注意诱测灯的诱蛾数量。苗期如发现植株萎蔫或倒伏现象，检查根际周围有无幼虫。

[防治技术]

（1）农业防治：适时晚定苗，发生密度大的地块，人工捕捉减少虫量。对被害造成倒伏的大苗要及时追肥，培土扶苗，促进植株恢复生长。

（2）物理防治：利用成虫的趋光性，可在6、7月田间设杀虫灯诱杀成虫。

（3）施用毒土：每亩用80%敌敌畏乳油300毫升，加适量水拌25千克细沙于清晨撒于玉米苗周围。

（4）毒饵诱杀：用4～5千克炒香的麦麸或粉碎的棉籽饼与加少量水的90%晶体敌百虫或48%毒死蜱乳油300～500克拌成毒饵，于傍晚顺垄撒于玉米苗周围。

（5）化学防治：用20%氯虫苯甲酰胺悬浮剂（康宽）3 000倍液、48%毒死蜱乳油1 000倍液、30%乙酰甲胺磷乳油1 000倍液或4.5%高效氯氰菊酯乳油1 500倍液喷洒于玉米根围，麦秸和麦糠多的地方应适当增加药液量。发生严重的地块每亩用48%毒死蜱乳油1千克，随水灌入田中。

22. 耕葵粉蚧

耕葵粉蚧（*Trionymus agrostis*）（图22-1）属同翅目粉蚧科。在我国主要分布在辽宁、河北、山东、河南等地。除玉米外还为害小麦、谷子、高粱等作物。以成虫和若虫在玉米根部及近地面的叶鞘上刺吸汁液。受害植株茎叶发黄，下部叶片干枯（图22-2），重者全株枯萎死亡。

图22-1 耕葵粉蚧

图22-2 耕葵粉蚧为害造成玉米叶片枯黄

[形态特征]

雌成虫 体长3～4.21毫米，宽1.4～2.1毫米，长椭圆形，全体扁平，两侧缘近于平行。红褐色，全身被白色蜡粉。眼椭圆形。触角8节，第一节稍短，末节最长。喙短，口针圈不达中足基节。足发达，跗冠毛1对，细长。爪冠毛1对，长于爪，端部稍膨大。腹脐1个，近圆形，位于第四、五腹节腹板之间。肛环发达，椭圆形，具肛环孔及肛环刺6根。臀瓣不明显，臀瓣刺发达。

雄成虫 体长1.42毫米，宽0.27毫米，深黄褐色。3对单眼，紫褐色。触角10节。口器退化。足3对。前翅长0.83毫米，白色透明，具1条两分叉的翅脉，后翅转化为平衡棒，基部弯曲而端部膨大。腹部9节，第八节两侧有蜡丝2条。

卵 长椭圆形，长约0.49毫米，宽约0.27毫米。初产橘黄色，孵化前淡褐色。卵囊白色，棉絮状。

若虫 一龄若虫长椭圆形，扁平，体长0.61毫米，宽0.27毫米，淡黄褐色，触角6节。二龄若虫体长0.89毫米，宽0.53毫米，体表被白色蜡粉，触角7节。

雄蛹 体长1.15毫米，宽0.35毫米，长形略扁，黄褐色。触角、足、翅芽等明显外露。茧长形，白色。

[发生规律]

在河北中南部1年发生3代。以卵在卵囊中附着在玉米田间的根茬、秸秆和土壤中越冬。翌年春季气温达17℃以上越冬卵孵化，孵化期长达半个多月。初孵若虫在卵囊内活动，1～2天后向周围活动，找到适宜寄主后就固定取食。该虫食性较窄，主要为害禾本科作物和杂草。小麦—玉米一年两熟种植地区为耕葵粉蚧的发生为害提供了良好的生态条件，发生较重。第一代4～6月中旬发生，主要为害小麦。第二代发生期在6月中至8月上旬，成、若虫大量聚集在玉米根部刺吸营养。受害植株矮小细弱，基部叶片由叶尖、叶缘向内发黄枯萎，根系受害部位有受害斑（图22-3），严重时可引起根系变色腐烂，根颈部变粗，不能结实。
第三代在8～9月继续在玉米田繁殖和
为害，并以卵在卵囊内越冬。

[调查要点]　玉米苗期开始调查
植株是否有下部叶片发黄、植株矮化
症状，拔出根部检查是否有耕葵粉蚧。
调查被害株和单株虫量。

[防治技术]

图22-3　玉米根部被害处变褐

（1）农业防治：加强田间水肥管
理，促进作物生长，提高玉米抵抗能力。改变耕作方式，在玉米收获后清除残
茬或耕翻灭茬，减少越冬虫源。发生严重的地块实施轮作倒茬，由于耕葵粉蚧
只为害禾本科植物，改种棉花、花生、薯类等非禾本科作物能减轻为害。

（2）种子处理：用40%甲基异柳磷乳油10毫升、50%辛硫磷乳油10毫升、
70%噻虫嗪（锐胜）可分散粒剂10～20克、70%吡虫啉可湿性粉剂30克，任
选其一，加水500毫升，拌种10千克。

（3）药剂灌根：用48%毒死蜱乳油1 000倍液或50%辛硫磷乳油800～
1 000倍液灌根。

23. 根土蝽

根土蝽（*Stibaropus formosanus*）又叫麦根椿象，俗称地臭虫，属半翅目
土蝽科。主要分布在东北、华北、西北及华东和华中的部分省份。以成虫、若
虫在地下刺吸玉米根部汁液，造成植株矮小、叶片枯黄甚至死亡，导致缺苗断
垄（图23-1）。

[形态特征]

成虫（图23-2）　体长4.0～5.5毫米，椭圆形，棕褐色，有光泽。头部前
突略下倾，侧叶明显上翘，略长于中叶，具较深皱纹。额部中央成内沟状隔
开。触角短丝状，5节，第一节极小，易见到4节。复眼小，橘红色。有单眼，
位于复眼之后。前胸最宽处位于两后角之间，中央隆起，前缘短弧凹，侧缘半
圆形，后缘弧凸，两侧各具1黑褐色斑。小盾片基部光滑，端部横皱。前足胫
节镰刀状；中足胫节香蕉状；后足胫节马蹄状，马蹄的底面及周缘具40多根
粗短刺。跗节细小，前足跗节着生于胫节中部；中后足跗节着生于胫节顶端。

卵　长1.0～1.2毫米，宽约1毫米，椭圆形，灰褐色。

若虫　老熟若虫体长5毫米左右，体白色，足黄白色，头、胸、翅芽橙黄
色。腹部纺锤形，背面有3条黄色横纹，各节具细毛。

图 23-1　根土蝽严重为害地块

图 23-2　根土蝽若虫及成虫

[发生规律]　两年发生1代。以成、若虫在土层30～60厘米处越冬，来年随气温升高，越冬成、若虫逐渐上移到耕层为害玉米、小麦、高粱、谷子等。在黄淮海地区4月为害小麦，小麦收获后继续为害夏玉米。成虫和若虫在地下刺吸玉米根部营养，造成植株矮化，叶片变黄而枯死（图23-3）。该虫常在田间点片为害。各龄期和虫态混合发生，严重地块一般单株虫量二三十头，多则可达上百头，在土层中分布可深达70厘米。成虫在土中交配，产卵于20～30厘米的潮湿土层里，单雌产卵量数粒至百余粒。该虫有假死性，能分泌臭液，发生严重的地块可闻到臭味。当地温高于25℃或天气闷热的雨后，部分成虫爬出土表，身体稍干即可爬行或低飞。干旱年份发生重。

图 23-3　玉米根部受害导致枯黄苗

[调查要点]　玉米苗期观察有无基部叶片发黄、植株矮小现象，并查看发黄、矮小植株根部周围土壤有无臭味，再翻土检查，如有成、若虫应立即防治。

[防治技术]

（1）农业防治：重发生田改种薯类等非寄主作物，实行秋耕冬灌，改旱地为水浇地，消除根土蝽的适生环境，可减轻危害。

（2）种子处理：用40%甲基异柳磷乳油10毫升、50%辛硫磷乳油10毫升、70%噻虫嗪（锐胜）可分散粒剂10～20克、70%吡虫啉可湿性粉剂30克，任选其一，加水500毫升，拌种10千克。

（3）土壤处理：上年发生严重地块，播前造墒或播后浇蒙头水时用48%

毒死蜱乳油或40%甲基异柳磷乳油1千克，随水灌入；或每亩用3%甲基异柳磷颗粒剂3千克，加细土25千克，拌匀后施于播种沟内进行土壤处理。

（4）药剂灌根：生长期间发现点片为害后用48%毒死蜱乳油或40%甲基异柳磷乳油1 000倍液灌根，每株300 ～ 500毫升药液。严重时采用土壤处理中浇水灌药的方法。

24. 黏虫

黏虫（*Mythimna separata*），又名五色虫、剃枝虫、行军虫等，属鳞翅目夜蛾科。是一种食叶性害虫，食性杂，除玉米外可食害百余种植物。因其迁飞性、暴食性，是全国性重大农业害虫。主要以幼虫为害玉米叶片，咬食成缺刻，大发生时能将茎叶吃光，造成减产，甚至绝收。

[形态特征]

成虫（图24-1） 体长16 ～ 20毫米，翅展35 ～ 45毫米，体淡黄色至淡灰褐色。前翅由翅尖斜向后伸有1暗色条纹。中央近前缘有2个淡黄色圆斑，外侧圆斑较大，其下方有1小白点，白点两侧各有1小黑点。后翅基区为淡褐色，翅尖及外缘色较深，前缘基部有1针刺状翅缰与前翅相连。雌蛾翅缰3根，雄蛾1根。雌蛾腹部末端比雄蛾稍尖。雄蛾尾部有抱器。

卵（图24-2） 馒头形，直径约0.5毫米。初产乳白色，后转黄色，孵化前灰黑色。卵粒排列成链状卵块。

幼虫（图24-3） 老熟幼虫体长38 ～ 40毫米。头黄褐色至淡红褐色，有暗褐色网纹，头正面有近八字形黑褐色纵纹。体色多变，背面底色有淡绿色、黑褐色至黑色，大发生时多呈黑色。背中线白色，边缘有细黑线，两侧各有两条极明显的淡色宽纵带，上方深红褐色，下方1条黄白色、黄色、褐色或近红褐色。两纵带边缘均饰灰白色细线。

图24-1　黏虫成虫

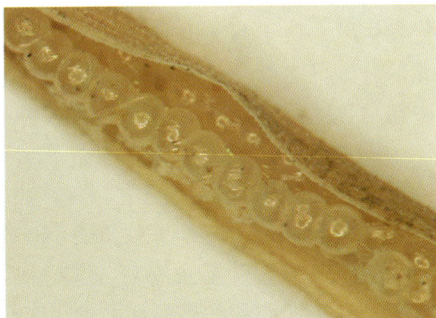

图24-2　黏虫卵

蛹（图24-4）黄褐色至红褐色，长19～23毫米。腹部第五、六、七节背面前缘有1列横排齿状刻点，齿尖向下。腹端具尾刺3对，中间1对粗大，两侧的细小，略弯曲。蛹体在发育过程中复眼和体色逐渐加深。雌蛾生殖孔位于腹部第八节腹面；雄蛹生殖孔位于腹部第九节腹面。

图24-3　黏虫幼虫

图24-4　黏虫蛹

[发生规律]　黏虫抗寒能力较低，在北纬33℃以北不能越冬。成虫具有远距离迁飞习性，春季由南方向北逐渐迁移为害，秋季又由北迁飞回南方。根据黏虫越冬、迁飞为害规律可将其划分为4个主要发生区。①越冬代发生区，主要位于广东、广西、云南、福建、贵州西南及东南的部分地区，2～4月羽化后陆续迁往一代发生区。②一代发生区，位于上海、浙江、江苏、安徽、河南及山东省南部地区。3～4月为害小麦，5月中旬至6月初羽化，迁往二代发生区。③二代发生区，位于东北三省、内蒙古、河北、山西、山东半岛及津、京一带，西北的陕、甘、宁，西南的云、贵、川等地。6～7月为害玉米、小麦、谷子、高粱等禾本科作物。7月上、中旬羽化迁往三代发生区为害。④三代发生区，位于河北中南部、山西、山东及津、京地带，有的年份可扩展至苏北部分地区，幼虫8月间为害玉米、高粱和春、夏谷等作物。8月底至9月上、中旬羽化陆续回迁至华南越冬代发生区为害。

成虫有昼伏夜出习性，对灯光、糖醋液有较强趋性。雌虫产卵趋向黄枯叶片，在玉米苗期卵块产于叶尖，成株期产在穗部苞叶或果穗花丝等处，形成纵卷条状卵块，每个卵块20～40粒，多者达200～300粒。每雌一生产卵1 000～2 000粒。黏虫喜好潮湿气候，相对湿度75%以上，温度23～30℃有利于成虫产卵和幼虫存活。幼虫有6个龄期。一、二龄幼虫多隐藏在作物心叶，取食叶肉，残留表皮。三龄后将叶片咬成不规则缺刻，虫口密度大时能将叶片吃成仅剩叶脉（图24-5）。四龄后幼虫具假死性并进入暴食阶段，大发生时食料不足有群集转移为害习性。老熟后停止取食，爬入3～4厘米土层作土茧化蛹。

[调查要点] 玉米苗期三龄幼虫每百株10头，成株期每百株有幼虫50～100头需进行防治。

[防治技术]

（1）物理防治：根据成虫对干

图24-5　黏虫啃食叶片仅剩主脉

草（谷草）和糖醋液有较强趋性的特点，于成虫发生期在田间插草把，大草把（直径5厘米）每隔10米插一把，每天早晨捕杀潜伏在大草把中的成虫。小草把为3～4根一把，间距3～5米插一把，3天后取回，用开水浸泡杀卵后晒干再用或直接换下烧毁。还可在田间设置糖醋液诱杀成虫，盆距约500米。糖醋液的配制：红糖1.5份，食用醋2份，白酒0.5份，水1份，再加1%的90%晶体敌百虫或其他杀虫剂。

（2）化学防治：在幼虫三龄盛期以前用20%氯虫苯甲酰胺悬浮剂（康宽）3 000倍液、20%除虫脲（灭幼脲1号）悬浮剂800倍液、10%氟啶脲乳油（抑太保）1 500倍液、20%氰戊菊酯乳油1 000～1 500倍液、4.5%高效氯氰菊酯乳油1 000倍液、48%毒死蜱乳油1 000倍液，任选其一喷雾。

25. 亚洲玉米螟

亚洲玉米螟（*Ostrinia furnacalis*）俗称玉米钻心虫，属鳞翅目螟蛾科。以幼虫为害玉米心叶，造成花叶或排孔；玉米抽穗后钻蛀茎秆和穗柄；在玉米灌浆期蛀食穗、粒，易引起穗腐、粒腐，造成减产。

[形态特征]

成虫（图25-1）　雄成虫体长10～14毫米，翅展20～28毫米，触角丝状，灰黑色，复眼黑；前翅内横线为暗褐色波纹状，外横线暗褐色锯齿状；后翅淡灰褐色，中央和近外缘各有一条褐色带。雌成虫体长13～15毫米，翅展25～34毫米；前翅淡黄色，线纹与斑纹淡褐色，后翅灰白色或淡灰褐色；后翅基部有翅缰，雄蛾1根较粗，雌蛾2根较细。

卵（图25-2）　卵粒扁平，椭圆形，鱼鳞状排列成块，初产卵乳白色，后渐变淡黄，孵化前卵粒中心呈现一小黑点。

幼虫（图25-3）　共5龄，初孵幼虫体长1.5毫米，末龄幼虫体长20～

30毫米；头深褐色，体淡灰褐色或淡红褐色；体背有三条褐色纵线，仅中央一条明显，两侧的纵线隐约可见，中、后胸背面各有一排4个圆形毛片；腹部1～8节各节背面亦有4个毛片，后面两个较前面略小。

　　蛹（图25-4）纺锤形，黄褐色至红褐色，体长约15～18毫米；第一腹节至第七腹节腹面具刺毛两列，体末端有5～8根黑褐色向上弯曲的臀棘。雄蛹腹部较瘦削，尾端较尖，生殖孔在第七腹节气门后方，开口于第九腹节腹面。雌蛹腹部较雄蛹肥大，尾端较钝圆，交尾孔在第七腹节，开口于第八腹节腹面。

图25-1　玉米螟成虫

图25-2　玉米螟卵

图25-3　玉米螟幼虫

图25-4　玉米螟蛹

　　[发生规律]　亚洲玉米螟因各地气候不同，发生世代有明显差别，从东北到海南1年发生1～7代，以老龄幼虫在寄主植物的茎秆、穗轴、根茎中越冬。春季随气温升高，越冬幼虫陆续化蛹、羽化。玉米螟发生的适宜温度为15～30℃，相对湿度60%以上。成虫飞翔力较强，有趋光性和较强的性诱反应。一般羽化后当天交尾，1～2天产卵。雌成虫多选择在玉米叶背近中脉附近产卵，每头雌蛾可产10～20块卵，约300～600粒，也可高达1 000粒以上。

卵经3～5天后孵化。初孵幼虫具趋糖、趋触（整个体躯尽量保持与植物组织相接触和贴近的特性）、趋湿和强趋光等习性。四龄前幼虫多在玉米植株上含糖量和湿度较高的心叶、雄穗、花丝和叶腋等处活动取食（图25-5）。共蜕皮4次，四龄后幼虫钻蛀为害。不同品种间抗性有差异。

图25-5　玉米各部位被害状

[调查要点]　玉米拔节后及时调查玉米螟为害的排孔或花叶株，当被害株达到10%时应全田普治，被害株率不足10%时挑治。

[防治技术]

（1）农业防治：选用抗虫品种。秸秆还田粉碎要细，及时处理越冬秸秆，减少玉米螟越冬虫量。

（2）物理防治：根据玉米螟成虫的趋光习性，可利用灯光如高压汞灯、黑光灯或频振式杀虫灯诱杀。频振式杀虫灯单灯防治面积30～40亩，设置高度距地面1.5～2米。可有效诱杀成虫，减少田间落卵量，减轻危害。

（3）性诱防治：玉米螟对性诱剂有较强反应，可用人工合成的玉米螟性信息素诱芯（含量100～400微克）或直接从雌虫腹部提取性信息物制成诱芯，在田间诱杀雄虫，降低雌虫交配率和繁殖系数。具体方法为：在成虫发生期，将一个直径20厘米的水盆架在略高出玉米顶部的地方，盆中盛水并加入少量洗衣粉，用铁丝将诱芯悬空挂在水盆中央，使雄虫在围绕诱芯飞舞时落水淹死。水盆间距50米，每天将水盆中的死蛾捞出并添加水和洗衣粉。

（4）生物防治：①早春，在越冬代幼虫化蛹前用白僵菌封垛消灭越冬幼虫。在玉米秸秆垛侧面每隔1米左右用木棍向垛内捣洞20厘米，将机动喷粉器的喷管插入洞中进行喷粉，待对面或上面有菌粉飞出即可，再喷其他位置，如此反复，直到全垛喷完为止。每立方米秸秆用白僵菌菌粉（每克含孢子量300亿）10～20克。②在玉米喇叭口期，用每毫升含100亿个孢子的苏云金杆菌（Bt）乳剂200倍液喷雾或加水稀释成2 500倍液灌心；也可用Bt乳剂每亩100～200克拌细砂5千克，制成菌砂颗粒剂灌心。③在每代玉米螟产卵始盛期释放赤眼蜂。每代产卵盛期连放两次，每5天一次，每亩2万～3万头。

（5）化学防治：在玉米生育前期用1.8%阿维菌素乳油1 000倍液、20%氯虫苯甲酰胺悬浮剂（康宽）3 000倍液、2.5%溴氰菊酯乳油1 500倍液或30%乙酰甲胺磷乳油1 000倍液喷雾。在玉米心叶末期，可用20%氯虫苯甲酰胺悬浮剂（康宽）3 000倍液喷雾防治，或每亩用1.5%辛硫磷颗粒剂1.5～2千克或用5%毒死蜱颗粒剂0.5千克，或用2.5%溴氰菊酯乳油20～30毫升加适量水拌5千克细沙撒入喇叭口。在玉米灌浆初期（三代玉米螟卵孵化盛期）防治，用上述颗粒剂分别施于雌穗顶和穗上2叶、穗下1叶及雌穗叶腋处，即所谓"一顶四叶"的施药方法；或用20%氯虫苯甲酰胺悬浮剂（康宽）3 000倍液喷雾防治。

26. 桃蛀螟

桃蛀螟（*Dichocrocis punctiferalis*）属鳞翅目螟蛾科。在全国多数地区都有发生，可为害玉米、高粱、向日葵等作物及桃、李等果树，是为害玉米果穗的主要害虫之一。

[形态特征]

成虫（图26-1）　体长11～13毫米，翅展22～26毫米。体鲜黄色，胸、腹部及翅面具黑斑。其中前翅28个（个体间有差异），后翅14～15个，胸部中央1个，背板2个，腹部第一节和第三至六节各3个，第七节1个，第二节和第八节无黑斑。

卵　椭圆形，长0.6毫米，宽0.4毫米，初产乳白色，后变橘红色，孵化前红褐色。

幼虫（图26-2）　老熟幼虫体长18～25毫米，头部暗黑色，前胸盾深褐色，胸、腹部颜色多变，有紫红色、淡灰色和灰褐色等。腹部各节背面气门之间有毛片两排，前排4个近圆形，中间两个较大，后排2个扁圆形。

图26-1　桃蛀螟成虫

图26-2　桃蛀螟幼虫

蛹（图26-3）　长13～15毫米，黄褐色或红褐色，腹部第五至七节前缘各有一列小齿，腹部末端有臀刺一丛。蛹体外面包着灰白色丝质薄茧。

桃蛀螟、玉米螟、高粱条螟幼虫形态特征区别见下表。

三种为害玉米的螟虫幼虫形态特征区别

特征	桃蛀螟	玉米螟	高粱条螟
体长	18～25毫米	20～30毫米	20～30毫米
体色	淡灰、淡红、淡褐色	黄白、灰褐至淡红褐色	乳白色或淡黄色
背线	不明显	背中线明显	4条、紫褐色（冬型）
腹背各节毛片数	前排4个、圆形，后排2个、扁圆形	前排4个、圆形，后排2个、较小	前排2个，后排2个，等距排列（夏型）

[发生规律]　在我国北方1年发生2～3代，在江苏、河南发生4代，在湖北、江西、云南发生5代。以老熟幼虫在玉米茎秆和果穗、高粱穗轴、向日葵秆以及仓库的缝隙等处越冬。在辽宁和华北北部，第一代为害桃、杏，第二代幼虫在7～8月为害玉米、高粱、向日葵等。在华北中南部，第一代幼虫为害桃、杏等，第二代幼虫除为害春玉米外，还为害春高粱、向日葵、柿子、石榴、板栗等，第三代幼虫严重为害夏玉米、高粱。长江流域主要以第二代幼虫为害玉米。

桃蛀螟成虫昼伏夜出，有趋光性和趋糖蜜性。羽化后雌成虫需补充营养方能产卵。卵散产在寄主花、穗或果实上。幼虫主要蛀食果穗（图26-4）、果实和茎秆（图26-5）。老熟后在为害部位附近结茧化蛹。

图26-3　桃蛀螟蛹

图26-4 幼虫蛀食籽粒

图26-5 幼虫蛀食茎秆

[调查要点] 玉米抽雄前至灌浆初期注意灯光诱蛾数量的变化，加强虫情调查，在成虫产卵盛期防治。

[防治技术]

（1）农业防治：玉米收获时将秸秆粉碎还田，玉米脱粒后处理穗轴、苞叶，刮除桃树翘皮等，减少越冬虫源。在成虫发生期可采取灯光诱杀方法减少田间落卵量。

（2）化学防治：用20%氯虫苯甲酰胺悬浮剂（康宽）3 000倍液、50%杀螟硫磷乳油1 000倍液、48%毒死蜱乳油1 500倍液、2.5%氯氟氰菊酯乳油1 500倍液、4.5%高效氯氰菊酯乳油1 500倍液，或用Bt乳剂700倍液任选其一喷雾防治。

27. 棉铃虫

棉铃虫（*Helicoverpa armigera*）属鳞翅目夜蛾科，各省区均有分布。以幼虫为害玉米叶片和心叶，玉米抽穗后主要为害雄穗、花丝，蛀食灌浆的籽粒造成减产。

[形态特征]

成虫（图27-1） 体长14～18毫米，翅展30～38毫米，雌虫黄褐色，雄虫灰绿色。前翅基线不清晰；内横线为双线，褐色，锯齿形；环形纹，边缘褐色，中央有1褐点；肾形纹，边缘褐色，中央有1深褐色肾形斑；外缘各脉间有小黑点。后翅灰白，沿外缘有黑褐色宽带，在宽带中央有2个相连白斑。

卵（图27-2） 直径0.5～0.8毫米，馒头形，从顶端向周围有12条纵隆线。初产时乳白色，孵化前深褐色。

幼虫（图27-3） 老熟幼虫体长40～50毫米，头部有不规则网状纹。体色有淡红、黄白、淡绿、绿、红褐色等类型，绿色型和红褐色型常见。绿色型，体绿色，背线和亚背线深绿色，气门线浅黄色，体表布满褐色或灰色小刺。红褐色型，体红褐色或淡红色，背线和亚背线淡褐色，气门线白色，毛瘤黑色。

蛹（图27-4）　体长17～21毫米。腹部第五至七节各节前缘密布环状刻点，末端具臀棘2个。

[发生规律]　辽宁、内蒙古、新疆1年发生2～3代，黄淮海地区4代，长江流域以南5～7代，以蛹在土中越冬，春季气温达到15℃以上时蛹开始羽化。第一代幼虫为害春玉米、麦类、豌豆、苜蓿、蔬菜等，以后各代幼虫为害玉米、棉花、谷子、高粱等作物。成虫昼伏夜出，对黑光灯趋性强，有趋向半枯萎杨树枝的习性。卵散产于玉米心叶尖端或雌穗苞叶。孵化后幼虫先取食卵壳，后为害作物。苗期幼虫取食嫩叶（图27-5），抽穗后取食玉米雄穗（图27-6）、花丝和灌浆籽粒（图27-7）。高温干旱年份发生重。

图27-1　棉铃虫成虫

图27-2　棉铃虫卵

图27-3　棉铃虫幼虫

图27-4　棉铃虫蛹

图27-5　幼虫为害心叶

图27-6　幼虫为害雄穗

图27-7　幼虫为害花丝及籽粒

[调查要点]　在玉米苗期至成株期调查产卵量和幼虫数量，当百株有卵50粒或百株玉米有幼虫20头时应及时防治。

[防治技术]

（1）农业防治：秋收后进行土壤深翻和冬灌，能有效杀死土中越冬蛹，减少越冬虫源基数。

（2）物理防治：利用成虫趋光性在田间设置杀虫灯，每30～40亩放置1盏；或根据棉铃虫成虫对杨树枝的趋性在田间放置半枯萎的杨树枝把，每6～8枝扎成一把，把高两米左右，于傍晚前后插入玉米田，每亩插10～15把，每天清晨捕杀潜伏其中的成虫。

（3）生物防治：在成虫产卵盛期释放人工繁殖的赤眼蜂，能有效控制幼虫数量；或在低龄幼虫期喷施Bt乳剂100倍液或棉铃虫核型多角体病毒制剂1 000倍液。

（4）化学防治：用20％氯虫苯甲酰胺悬浮剂（康宽）3 000倍液、75％硫双灭多威悬浮剂1 200～1 500倍液、2.5％多杀霉素悬浮剂700～1 000倍液、1％甲胺基阿维菌素乳油800～1 000倍液、50％丙溴磷（库龙）乳油1 000～1 500倍液、5％氟啶脲（抑太保）乳油1 500倍液或4.5％高效氯氰菊酯乳油1 500倍液，任选其一喷雾。

28. 美国白蛾

美国白蛾（*Hyphantria cunea*，图28-1），属鳞翅目灯蛾科，为检疫性害虫。分布于辽宁、天津、北京、河北、山东和陕西等地。该虫食性杂，除危害林木、果树和蔬菜外，也为害玉米。

图28-1 美国白蛾

[形态特征]

成虫 体长9 ~ 12毫米，翅展23 ~ 44毫米。头、身体、翅均白色。雄蛾触角双栉齿状，黑色；雌蛾触角栉齿状，褐色。雄蛾前翅由纯白色，无斑点到有浓密的黑色斑点或散布浅褐色斑；具浓密黑色斑点个体，其中室具黑点，外缘中部有1列黑点；后翅一般无斑纹，或在中室端有1个黑点。雌蛾前后翅一般无斑点。

卵 近球形，直径0.4 ~ 0.53毫米，浅绿色或淡黄绿色，表面具微小凹坑，卵300 ~ 500粒成块，上覆尾毛。

幼虫 老熟幼虫体长25 ~ 30毫米，分黑头、红头两型。黑头型，头黑色，体多数乳黄色，杂有灰色或黑色斑纹，前胸盾、前胸足、腹足、臀板均黑色；红头型，头橘红色，体乳黄色杂有暗色斑纹，前胸盾、前胸足、腹足、臀板及毛瘤均橘红色。身体黄绿至灰黑色。

蛹 暗红褐色，体长约12毫米，臀棘上具10多根细棘。茧椭圆形，黄褐色或暗灰褐色，系由丝和幼虫体毛组成的薄网。

[发生规律]　美国白蛾1年发生2～3代，以幼虫取食玉米叶片为害为主。5月上旬第一代幼虫开始发生；第二代幼虫7月中旬为害，8月中旬进入为害盛期；第三代幼虫从9月上旬开始为害至11月中旬。主要以二代和三代幼虫为害较重。一至四龄幼虫群居为害，取食结网（图28-2），形成网幕。一、二龄幼虫只取食叶肉，致叶片成纱网状（图28-3）；三龄后幼虫将叶片咬成缺刻；五龄后分散取食，进入暴食期，严重时将叶片蚕食光。10月中旬第三代幼虫陆续在树皮缝、土石块下及一些建筑物缝隙处化蛹越冬。越夏蛹则多隐匿在地头寄主树干老皮的缝隙内及树冠下的杂草落叶层中、石块下或土壤表层内。美国白蛾食性杂，可为害300多种植物；繁殖力强，每头雌成虫平均产卵800粒，最多可达2 000粒，一头雌虫到第三代可繁殖2亿头。成虫夜间活动，飞翔能力不强。通过幼虫爬行和成虫飞翔短距离扩散为害，并且可通过幼虫、蛹随寄主植物、交通工具等远距离传播。

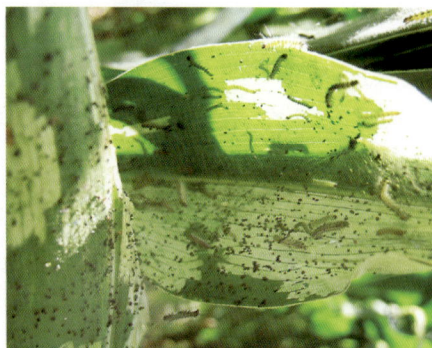

图28-3　幼虫取食叶片

图28-2　幼虫结网取食

[调查要点]　5月中旬和7月中旬调查田间幼虫数量。

[防治技术]

（1）物理防治：

①剪网幕，除幼虫。重为害地块可于5月中旬至7月中旬在田间每隔2～3天查找一次美国白蛾幼虫网幕，连同幼虫剪除网幕并就地销毁。

②灯光诱杀成虫。在成虫发生盛期，利用美国白蛾成虫的趋光性，悬挂杀虫灯诱杀成虫。

（2）生物防治：用苏云金杆菌（1亿孢子/毫升）和灯蛾核型多角体病毒防治幼虫，或在美国白蛾老熟幼虫期至化蛹初期施放周氏啮小蜂。

（3）化学防治：可用20%氯虫苯甲酰胺悬浮剂（康宽）3 000倍液、Bt乳剂400倍液、4.5%高效氯氰菊酯乳油1 000倍液、2.5%溴氰菊酯乳油1 500倍液、5%顺式氰戊菊酯乳油2 000倍液，任选其一全田喷雾防治。要力求做到全面彻底，除玉米田外，田块周围杂草也应喷洒农药进行防治。

29. 玉米灯蛾

玉米灯蛾主要有红缘灯蛾（*Amsacta lactinea*）（图29-1）、红腹白灯蛾（人纹污灯蛾）（*Spilarctia subcarnea*）（图29-2）和黄腹白灯蛾（*Spilosoma menthastri*）（图29-3），均属鳞翅目灯蛾科。在我国多数玉米产区均有发生，以幼虫为害玉米叶片、雌穗、花丝和籽粒，造成减产。

图29-1 红缘灯蛾成虫

图29-2 红腹白灯蛾成虫

图29-3 黄腹白灯蛾成虫

[形态特征] 三种灯蛾形态特征见下表。

三种灯蛾形态特征表

虫态特征		红缘灯蛾	红腹白灯蛾	黄腹白灯蛾
成虫	体长	18～22毫米	20～23毫米	14～18毫米
	前翅	前翅白色，前缘红色，前翅中室上角常具黑点	前翅白色，基部红色，臀脉室基部有1黑点，中室前角也有1黑点。自后缘中央至中室后角有2～5个黑点排成1列	前翅表面多少带黄色，散布黑色斑点，斑点数目因个体而差异

（续）

虫态特征		红缘灯蛾	红腹白灯蛾	黄腹白灯蛾
成虫	腹部	腹背橙黄色并有黑色横带，侧面具黑色纵带。腹面白色	腹背深红色至红色，每节中央有1黑斑，两侧各有2个黑斑	腹部背面除基节和端节外为黄色或红色，背面、侧面和亚侧面各有1列黑点
幼虫（图29-4）	体长	40毫米	46～55毫米	46～55毫米
	头部	黄褐色	黑色	黑色
	体色	体深褐色或黑色，胸足黑色，腹足红色	体黄褐色，胸足淡黑色，腹足暗黑色	体土黄色至深褐色，背线橙黄色或灰褐色，密生棕黄色至黑褐色长毛，腹足土黄
卵		半球形，直径0.79毫米，自卵壳顶端向周围有放射状纵纹。初产黄白色，后变灰黄至暗灰色	半球形，直径0.6毫米。初产乳白色，后变淡绿色	浅黄色，圆球形，表面有网状纹
蛹（图29-5）		长22～26毫米，黑色，有光泽，有臀刺10根	长18毫米，紫褐色，有光泽，有臀刺12根	黑褐色，外面有黄色丝茧，缀有幼虫体毛

图29-4 幼 虫

图29-5 蛹

[发生规律] 灯蛾1年发生代数因地区不同有所差异，北方1～2代，华东3～4代，华南5～6代。秋季老熟幼虫缀连枯叶或入土吐丝粘合体毛作茧化蛹越冬。翌年北方春夏季第一代和夏秋季第二代幼虫为害玉米叶片、花丝和籽粒。成虫昼伏夜出，有趋光性。卵成堆、单层排列，多产于叶背。初孵幼虫群集为

害，初龄幼虫只啃食叶肉，三龄以后可把叶片、苞叶等吃成孔洞或缺刻（图29-6），四龄以后进入暴食阶段，幼虫在缺乏食料时会相互残杀。幼虫爬行迅速，老龄幼虫有假死性。

[调查要点]　在玉米生长期注意调查叶片、穗部有无黄褐色至灰黑色毛状幼虫为害，玉米被害株达4％时及时防治。

[防治技术]

（1）物理防治：成虫发生期可用杀虫灯诱杀成虫。

（2）化学防治：用20％氯虫苯甲酰胺悬浮剂（康宽）2 500～3 000倍液、48％毒死蜱乳油1 000～1 500倍液、30％乙酰甲胺磷1 000倍液或4.5％高效氯氰菊酯乳油1 500倍液，任选其一喷雾。

图29-6　幼虫咬食苞叶

30. 玉米旋心虫

玉米旋心虫（*Apophylia flavovirens*）属鞘翅目叶甲科。分布于东北、华北、华东、华南等地。以幼虫蛀入玉米苗茎基部为害（图30-1），被害玉米呈枯心苗或分蘖丛生等畸形状，并造成缺苗断垄而减产。

[形态特征]

成虫（图30-2）　体长5～6毫米。全体密被黄褐色细毛。头黑褐色，复眼黑色，触角丝状共11节，基部4节黄褐色，其余黑褐色。前胸暗黄褐色，前缘色泽较深，上有小刻点，无黑斑。鞘翅翠绿色、有光泽。足黄色。腹部黑褐色。

卵　长约0.8毫米，宽约0.5毫米，椭圆形，表面光滑，初产黄色，后变为橘黄色，孵化前变为褐色。

图30-1　被害株

图30-2　成　虫

幼虫（图30-3） 老熟幼虫体长8～12毫米。头褐色，腹部姜黄色，前胸背板红褐色。中胸至腹部末端每节均有红褐色毛片，中、后胸两侧各有4个，腹部1～8节两侧各有5个。臀节臀板呈半椭圆形，背面中部凹下，腹面也有毛片突起。

蛹 长约6毫米，黄色，裸蛹。

[发生规律] 在山西南部和辽宁1年发生1代。以卵在土壤中越冬。翌年6月卵孵化出幼虫，为害10～30厘米高的玉米苗，有转株为害习性。幼虫多潜伏在玉米根际附近，自根茎处蛀入，蛀孔处褐色。轻者叶片上出现排孔、花叶，重者萎蔫、枯心，叶片卷缩、畸形，下部茎秆可由蛀孔处形成褐色纵裂（图30-4）。幼虫老熟后爬出被害株，于根际附近2～3厘米土层作土室化蛹。蛹期5～8天。成虫白天活动，食害薄荷、野蓟等植物，有假死习性。卵散产于玉米田的疏松土壤中或植物根部。一般晚播比早播受害重，连作地受害重。

图30-3 幼 虫

图30-4 茎基部形成褐色纵裂

[调查要点] 调查玉米苗期有无蛀茎受害造成的枯心苗或其他畸形症状的植株，拔出被害株看是否有旋心虫幼虫。

[防治技术]

（1）农业防治：秋季深翻土地，将越冬卵翻到深层，有水浇条件的地块进行冬灌或春灌；轮作倒茬可减轻受害。

（2）种子处理：用70%噻虫嗪（锐胜）可分散粒剂10～20克或70%吡虫啉可湿性粉剂30克，加水500毫升，拌种10千克。或用含丁硫克百威的种衣剂进行拌种。

（3）施用毒土：亩用20%甲基异柳磷乳油300～450毫升加适量水喷洒在20～25千克的细土上制成毒土，撒施于播种沟内；或在玉米被害初期，于早上9时前在玉米苗基部顺垄撒施，防止转株为害。

31. 褐足角胸叶甲

褐足角胸叶甲(*Basilepta fulvipes*)属鞘翅目肖叶甲科。主要分布在东北、华北、西北、华东、华中、西南和华南等地。在北方成虫除为害玉米外，也为害高粱、谷子、大豆、向日葵、大麻、甘草、葎草等。主要以成虫为害玉米叶片造成网状孔洞(图31-1)，严重时吃光叶片残留叶脉，影响产量。

图31-1　田间为害状

[形态特征]

成虫(图31-2)　体长3～5.5毫米，宽2～3.2毫米。体卵形或近方形，头、前胸和足棕红色。头部刻点密而深，头顶后方具纵皱纹。唇基前缘凹且深。触角丝状，雌虫触角长达体长的一半，雄虫触角达体长的2/3。触角11节，第一节粗大，棒状；第二节长椭圆形，较粗，稍短于第三节；第三、四节细，第三节稍短于第四节或二者近等长；第五、六节约等长，自第六节起稍粗，各节近于等长；基部第一至第五节的1/2处淡黄色，以上为黑色，节间色淡。前胸背板短宽，宽近于或超过长的2倍，略呈六角形，两侧在基部之前或中部之后突出成较锐或较钝的尖角；盘区密布深刻点。小盾片盾形，光亮或具微细刻点。翅鞘颜色变异较大，有蓝色、绿色、棕黄色和棕红色等。鞘翅基部隆起，基部下面有1条横凹，肩胛下面有1条斜伸的短隆脊；盘区刻点一般排列形成规则的纵行，基半部刻点大而深，端半部刻点细弱。

图31-2　成　虫

图31-3 啃食叶片

[发生规律] 发生世代不详，在华北6月始见成虫为害玉米。7月中、下旬为成虫发生盛期，发生较重的年份，8月上旬仍有一定数量成虫为害玉米叶片。成虫多在傍晚集中在玉米中下部叶片或叶心活动为害，咬食叶片叶肉、留下呈半透明膜状表皮，或形成筛网状孔洞（图31-3）。成虫受到惊动假死或飞走。

[调查要点] 6～7月间，观察玉米叶部有无该虫活动。

[防治技术] 在成虫发生期用30%乙酰甲胺磷乳油1 000倍液，或4.5%高效氯氰菊酯乳油1 500倍液、48%毒死蜱乳油1 500倍液，任选其一喷雾防治。

32. 双斑长跗萤叶甲

双斑长跗萤叶甲（*Mkomolepta hieroglyphica*）属鞘翅目叶甲科。国内多数省份均有发生。寄主植物除玉米外还有高粱、谷子、豆类、棉花、甘蔗、向日葵、马铃薯、胡萝卜、茼蒿、杨、柳及十字花科蔬菜等。近年该虫在我国北方发生面积大、为害重，由原来的次要害虫上升为主要害虫。该虫主要以成虫为害玉米叶部、雄穗、花丝及籽粒（图32-1）。

图32-1 成虫在玉米各部分为害

[形态特征]

成虫（图32-2） 体长3.6～4.8毫米，宽2～2.5毫米。体呈长卵形，棕黄色；头和前胸背板色较深，有时橙红色。触角丝状，11节，基部1～3节黄色，4～11节黑褐色；触角长为体长的2/3；复眼黑褐色；前胸背板宽大于长，表面隆起，密布细小刻点；小盾片黑色，呈三角形；鞘翅布有线状细刻点，每个鞘翅基半部具一近圆形淡黄色斑，四周黑色，淡色斑外侧多不完全封闭，其后面黑色带纹向后突伸成角状，有些个体黑带纹不清或消失。两翅后端合为圆形。后足胫节端部具1棕褐色长刺。

卵 椭圆形，长0.6毫米，初产黄色，表面具网状纹。

图32-2 成虫

幼虫（图32-3） 体长6～9毫米，白色至黄白色，体表具瘤和刚毛，前胸背板骨化，颜色较深。腹节末端有铲形骨化板。

蛹 长2.8～3.5毫米，宽2毫米，白色，表面具刚毛。

[发生规律] 华北北部和东北南部1年发生1代，以卵在表土下越冬。翌年5月上中旬孵化，幼虫孵出后在表土层为害作物或杂草根

图32-3 幼虫

部，幼虫在土中生活30～40天，老熟后在土中作土室化蛹。6月下旬至7月上旬，成虫始发，7月下旬至8月下旬成虫群集到玉米、谷子、高粱、棉花等作物为害。玉米抽穗前主要为害叶片，取食叶背叶肉，留上表皮，形成网状斑。玉米抽穗后为害雄穗和花丝，灌浆期成虫为害灌浆籽粒，使籽粒破损，形成孔洞或霉烂。9月下旬玉米、谷子等作物成熟后，成虫转移到菜田为害蔬菜等作物，并于表土层中产卵，卵散产或几粒连在一起。一头雌虫一生产卵量约200粒。卵耐干旱，在干燥条件下卵壳略显干瘪，但在条件适宜时即可孵化。干旱年份发生重，旱地重于水地。

[调查要点] 玉米抽穗前后注意观察叶部和穗部成虫发生量。

[防治技术]

(1) 农业防治：深翻土地，将表土层的卵翻至深层，消灭虫源，清除田间、田埂、沟旁杂草，消灭中间寄主植物。

(2) 化学防治：用1.8%阿维菌素乳油1 000～1 500倍液、20%甲氰菊酯乳油或20%氰戊菊酯乳油2 000倍液，任选其一喷雾。

33. 金龟子

为害玉米的金龟子主要有白星花金龟（*Potosia brevitarsis*）、小青花金龟（*Potosia famelica*）和黑绒鳃金龟（*Maladera orientalis*），均属鞘翅目，前两种属花金龟科，后一种属鳃金龟科，在全国玉米产区均有发生（图33-1）。主要以成虫咬食幼苗叶片和成株期花药、花丝及籽粒造成危害。

[形态特征] 三种金龟子成虫特征见下表。

三种金龟子的成虫特征

特　征	白星花金龟	小青花金龟	黑绒鳃金龟
体长（毫米）	17～24	11～16	6～9
体宽（毫米）	7～10	6～9	3.4～5.5
体色	多古铜或青铜色	绿、黑、浅红或古铜色等	黑色
鞘翅斑纹	白绒斑多为横向波浪形，多在翅中后部	每侧仅有1个大横向波浪形白绒斑，其余为小斑	黑色条绒状纵纹
臀板斑纹	每侧有3个白绒斑，呈三角形排列	每侧有2个横向排列的白绒斑	无斑纹

图33-1　白星花金龟、小青花金龟、黑绒鳃金龟

[发生规律] 黑绒鳃金龟、白星花金龟和小青花金龟在我国均1年发生1代。黑绒鳃金龟以成虫在土中越冬，春季出土后，以成虫啃食玉米幼苗造成缺苗断垄（图33-2）；白星花金龟和小青花金龟以幼虫在土中越冬，翌年羽化后，以成虫群集于玉米雄穗（图33-3）及雌穗花丝处取食为害。灌浆期成虫啃食籽粒，造成籽粒破损或腐烂（图33-4）。成虫昼出夜伏，对糖醋液有较强趋性。雌成虫多选择在腐殖质丰富的有机肥或疏松的肥土中产卵。幼虫栖息于堆肥或富含腐殖质的松软土壤中生活。

图33-2　黑绒鳃金龟成虫为害玉米幼苗

图33-4　金龟子为害雌穗造成籽粒破损

图33-3　金龟子为害雄穗

[调查要点]　4～8月间注意观察早播玉米幼苗和抽穗玉米有无该虫为害。

[防治技术]

（1）人工防治：春季成虫羽化之前，将堆放的有机肥用铁锹翻铲，人工拾捡幼虫和蛹；并在玉米抽穗灌浆期成虫为害时人工捕杀。

（2）诱杀成虫：成虫发生期在玉米田四周每隔30米左右设置一个糖醋液（加适量敌敌畏）诱杀器，半个月换1次。也可在田间挂置细口瓶，内放一头金龟子诱集成虫。

（3）化学防治：玉米幼苗期用4.5%高效氯氰菊酯乳油1 500倍液防治黑绒鳃金龟。玉米灌浆初期用30%乙酰甲胺磷乳油1 000倍液在玉米穗顶部喷滴药液可有效防治为害果穗的成虫。

34.稻水象甲

稻水象甲（*Lissorhoptrus oryzophilus*）属鞘翅目象甲科。1988年在我国唐山首次发现，是国际检疫性害虫。国内主要分布于河北、辽宁、吉林、天津、北京、浙江、山东、广东、广西、台湾等地。主要为害水稻，也为害玉米等作物，以成虫啃食叶片（图34-1），严重发生时可导致叶片枯死。

图34-1 田间为害状

[形态特征]

成虫（图34-2） 体长2.6～3.8毫米，体宽1.15～1.75毫米，雌虫略大于雄虫。体壁褐色（在水中可变为墨绿色），密被相互连接的灰色鳞片，前胸背板中区有明显的大口瓶状黑斑。两鞘翅合缝处侧区自基部到端部1/3处有不整形大黑斑。触角棍棒状，红褐色，索节6节，棒节3节。第一节光滑无毛，第二、三棒节上被浓密的细白毛。中足胫节两侧各具1排白长毛。

卵 珍珠白色，圆柱形，两端圆，一侧略内弯，长约0.8毫米，宽约0.2～0.27毫米。

幼虫 共4龄，老熟幼虫体长8毫米，白色，第二至第七腹节背面各具1对突起。

蛹 白色，复眼红褐色，形态大小似成虫。

[发生规律] 稻水象甲在北方1年发生1代，南方1年2代。以成虫在田边、稻草、草丛、树林落叶层等处休眠越冬。翌年春季气温上升到10℃越冬成虫开始活动取食，先在越冬场所为害禾本科、莎草科杂草嫩叶，然后逐渐迁入早播春玉米田为害玉米叶片（图34-3）。成虫孤雌生殖，有较强的飞翔能力和趋光性。受到惊动即掉落不动，具有假死性。夏末秋初，第一代成虫开始向越冬场所转移，当平均气温降到10℃成虫潜伏在草丛等处越冬。

图34-2 稻水象甲成虫

图34-3 稻水象甲为害叶片

[调查要点]　在稻水象甲发生区，春季主要调查水稻秧田附近的春玉米有无稻水象甲为害症状。

[防治技术]

（1）灯光诱杀：可用杀虫灯诱杀成虫，每60亩安装一盏。

（2）化学防治：用5%顺式氰戊菊酯乳油1 500～2 000倍液、4.5%高效氯氰菊酯乳油1 500～2 000倍液任选其一喷雾。

35. 黑麦秆蝇

黑麦秆蝇（*Oscinella pusilla*）　属双翅目秆蝇科。除为害玉米外还为害麦类作物、高粱、谷子等。以幼虫为害玉米心叶造成枯心苗、烂心和各种畸形株，导致减产。上世纪80年代前主要在春播作物上为害，随着耕作制度改变，现已成为夏玉米的主要害虫。

[形态特征]

成虫（图35-1）　雄蝇体长1.3～2.0毫米，前翅长1.3～1.9毫米；雌蝇体长2.1～2.7毫米，前翅长2.0～2.1毫米。头部黑色被灰白粉；颜凹，黑色；额三角区亮黑色，光滑；单眼瘤亮黑褐色；颊黑色，几乎与触角第三节等宽；髭角钝圆；后头区黑色；唇基黑色；头部的毛和鬃黑色。触角黑色，无粉，端圆；触角芒黑色，被黑色短毛。喙和须黑色，被黑色毛。胸部黑色，被灰白粉；中胸背板密被黑色短毛，胸侧亮黑色，无粉。后背片黑色。小盾片黑色，被灰白粉。胸部鬃毛黑色。足腿节黑色，但端部有少许黄色；胫节、跗节黄色，但后足胫节中部具1黑色条带，第三至五分跗节黑褐色至黑色。足上毛黑色，除跗节被有一些黄褐色毛外。后足胫节有长圆形的胫节器。翅透明，翅脉褐色；r-m位于距中室基部2/3处。平衡棒黄色。腹部黑色，腹面黄色，被灰白粉，毛为黑色。雄虫腹部末端第九背片黑色，背针突黑色，较长，内弯；下生殖板黑色，侧视宽，尾须黑褐色。雌虫腹部末端第九背板近三角形，端部圆，有1对长毛；第九腹板周围有1圈毛，毛黑色；尾须黑色，较长。

卵（图35-2）　乳白色，长椭圆形，长约0.7毫米，稍弯，一端较尖，表面有纵脊。

幼虫（图35-3）　蛆状，共分3龄，初孵幼虫（一龄幼虫）体白色透明，但口钩黑色；老熟幼虫（三龄幼虫）黄白色，体长约4.5毫米，前端有不明显的扇状前气门，后端有一对短圆柱形的后气门突。

蛹（图35-4）　黄褐色，长约3毫米，前端有4个乳状突起，后端有2个圆柱形突起。

[发生规律]　北方春播区一年发生3～4代，华北平原4～5代。在夏玉

米区以幼虫在冬小麦和禾本科杂草茎基部越冬，翌年早春随气温上升幼虫化
蛹、羽化。第一代继续为害小麦，第二代为害春玉米和麦类作物，第三代、四
代为害夏玉米、谷子、高粱、自生麦苗及禾本科杂草，第五代转移到冬小麦和
杂草上为害并越冬。黑麦秆蝇成虫将卵散产于玉米幼苗茎基部叶鞘和心叶处
（图35-5），卵期2～4天。孵化后为害心叶，造成心叶粘连或腐烂，被害株表
现枯心或各种畸形状，有的表现为心叶卷成束状弯曲生长，不能展开（似牛尾
状），或展开的心叶边缘残破变黄，并有透明黏液；有的被害株顶端叶片散乱，
变皱；有的叶片上有纵裂孔或黄白色条痕；有的植株矮化，出现异常分蘖，后
期不能抽穗结实（图35-6）。被害株易受玉米黑粉病、蓟马等病虫为害。玉米
受害程度与品种、播期关系密切，春玉米区早播受害重，4～5月雨水偏多易
发生为害，4叶以下玉米最易受害，夏玉米区麦套玉米田发生重。目前在全国
普遍发生的玉米顶部腐烂是否与该虫有关，需要研究明确。

[调查要点]　玉米3～5叶期调查被害情况，当被害株达到5%时应及时
防治。

图35-1　成　虫

图35-2　卵

图35-3　幼　虫

图35-4　蛹

图35-5　在心叶内外产卵

图35-6　田间为害主要症状

[防治技术]

（1）农业防治：种植抗虫品种，适当晚定苗，拔除被害株。

（2）种子处理：用70%噻虫嗪（锐胜）可分散粒剂10～20克或70%吡虫啉可湿性粉剂30克，加水500毫升，拌种10千克。

（3）化学防治：对苗期被害株采取人工破除方法打开扭曲、粘连部位，在上午9点以前和下午5点以后，用22%噻虫嗪（锐胜）微囊悬浮剂1 000～1 500倍液、10%吡虫啉可湿性粉剂1 000～1 500倍液、20%氰戊菊酯乳油2 000倍液或25%速灭威可湿性粉剂600倍液，任选其一喷雾。同时加入"云大120"1 500～2 000倍液和锌、硼肥，使植株尽快恢复生长。

36. 狗尾草角潜蝇

狗尾草角潜蝇 [*Cerodontha (Poemyza) setariae*] 又称狗尾草禾潜蝇，属双翅目潜蝇科。国内主要分布于上海、河北、河南、辽宁、海南等地。寄主有玉米、谷子、高粱、狗尾草等。以幼虫潜食叶肉，残留上下表皮，造成枯白色条带状虫道（图36-1），影响光合作用。

[形态特征]

成虫（图36-2）　体长1.8～2.1毫米，翅长1.8～2.0毫米。额黑色，略宽于眼，额长明显大于额宽，眶部为略微闪亮的棕黑色，眶部明显向腹侧渐宽，上眶鬃2对，向后，下眶鬃2对，向内。新月片黑褐色，高而窄，高度远超过半圆形。单眼三角黑色，单眼三角的尖端向腹面达第一上眶鬃。触角第一、二节黄到黄褐色，第三节和触角芒棕黑色，触角第三节小而圆，长短于宽。颊长约为竖直眼高的1/8。中胸背板黑色，轻微闪亮，侧片基本黑色；中侧片上缘及翅基黄色；背中鬃3+O型，最后一对较长；中毛约6～7列，小盾鬃2对。前翅缘脉达m_{1+2}脉；径中横脉位于近基部1/3处；m_{3+4}脉末端明显短于次末端。足股节基部1/2黑色，端部1/2黄色，足其他部分棕黑色。翅腋瓣和缘毛黄色；平衡棒黄色。腹部黑色且略微闪亮，每一腹节后缘黄色。

卵　长椭圆形，长约0.5毫米，乳白色。

幼虫（图36-3）　乳白色，长约2毫米，宽约0.75毫米，蛆形，体节明显。上颚每侧各具2齿，后气门向背部方向突起，位于基部互相连接的瘤状物上，侧面各具一长刺状突起，球状物3个。

蛹（图36-4）　桶状，长约2毫米，宽1毫米，化蛹初期为黄色。逐渐变为黄褐色，羽化前深褐色且发亮。

图36-1　狗尾草潜蝇为害呈条带状虫道

图36-2　狗尾草潜蝇成虫

图36-3　狗尾草潜蝇幼虫

图36-4　狗尾草潜蝇蛹

[发生规律] 该虫在华北一年发生4～5代，以蛹越冬。翌年春季羽化，5、6月第一至二代为害早播春玉米和高粱、谷子等。7～9月第三至五代为害春、夏播玉米、谷子、高粱等作物及狗尾草等禾本科杂草。玉米苗期至抽穗前成虫多在叶片中部和叶片边缘组织产卵。抽穗后多在中下部叶片主脉两侧叶片组织产卵。幼虫孵化后潜食叶肉，残留上下表皮，形成枯白色、宽约1～3毫米、与叶脉平行的条带状虫道。幼虫老熟后在被害处或爬出被害处落土化蛹或越冬。

[调查要点] 在玉米生长期观察叶片有无条带状枯白色虫道。

[防治技术] 幼虫为害期用2.5%溴氰菊酯乳油或4.5%高效氯氰菊酯乳油与40%乐果乳油按1：1比例混合后，加水配成1 000～1 500倍液，或用1.8%阿维菌素乳油1 000～1 500倍液、50%灭蝇胺可湿性粉剂1 500～2 000倍液任选其一喷雾。

37. 赤须盲蝽

赤须盲蝽（*Trigonotylus ruficornis*）又名赤角盲蝽，属半翅目盲蝽科。主要分布在华北、东北、西北等地。以成、若虫刺吸玉米汁液，在叶片上形成白色褪绿斑点，严重时小白点连成不规则雪花状斑纹（图37-1）。

[形态特征]

成虫 体长5～6毫米，宽1～2毫米；鲜绿色或浅绿色；头长而尖，向前伸出，头顶中央具1纵沟，前伸不达头部中央；复眼银灰色，半球形；触角4节，等于或短于体长，红色（图37-2）。

卵 口袋形，长1毫米，宽0.4毫米，白色透明，孵化前绿色或墨绿色（图37-3）。

若虫 黄绿色，触角红色，有翅芽（图37-4）。

图37-1 赤须盲蝽田间为害状

图37-2 赤须盲蝽成虫

图37-3　赤须盲蝽卵

图37-4　赤须盲蝽若虫

[发生规律]　华北地区1年发生3代，以卵在禾本科杂草和小麦茎基部叶鞘组织内越冬，来年春季孵化。第一代为害小麦，以后各代转移到玉米等作物上为害。以成、若虫刺吸玉米汁液，在叶片上形成白色小斑点，严重时白色斑点雪花状连成斑块。成虫产卵期较长，有世代重叠现象。雌虫多产卵于叶部组织内，约5～12粒成排排列。初孵若虫爬出卵壳停留片刻后即可取食为害。成虫在上午9时至下午5时活跃，夜间或阴雨天多潜伏于植株中下部叶片背面。秋季作物成熟后，成虫转移到禾本科杂草和冬小麦上为害，并产卵于茎叶组织内越冬。

[调查要点]　在玉米生长期调查叶片有无雪花状被害状。

[防治技术]　在成、若虫盛发期用4.5%高效氯氰菊酯乳油1 500倍液、10%吡虫啉可湿性粉剂1 000～1 500倍液、3%啶虫脒乳油2 000倍液或25%氰·辛乳油1 500倍液任选其一喷雾防治。

38. 甘薯跳盲蝽

甘薯跳盲蝽（*Halticus minutus*）属半翅目盲蝽科。别名：小黑跳盲蝽、花黑跳盲蝽，主要分布在华东、华中、华南、西北和华北等地。为害作物有大豆、花生、豇豆、菜豆、蕹菜、白菜、黄瓜、丝瓜、萝卜、茄子、甘薯等，近年又发现该虫为害玉米、谷子和高粱。造成叶部呈现不规则的白色条点状斑纹（图38-1）。

[形态特征]

成虫（图38-2）　体长2.1～2.3毫米，宽1.1毫米。体椭圆形，黑色，具褐色短毛。头黑色有光泽。眼突出，与前胸背板相接。喙黄褐色，伸达后足基部。触角黄褐色，第一节膨大，第二节长几乎与革片前缘相等，第三节端半部和第四节褐色。前胸背板短宽，微上拱，后缘成弧形后突。小盾片平，为等边三角形。前翅短宽，前缘弯，楔片小，三角形；膜片烟色，长于腹末。足黄褐至黑褐色，后足股节特别粗并向内弯，胫节黄褐色近基部褐色，跗节黄色，末端黑色。

卵　香蕉形，浅绿色至桃红色。

若虫　初孵化时桃红色，后变灰褐色，具紫色斑点，后足股节紫褐色，深浅不一。

[发生规律]　在华南一年发生5～6代，北方3～4代。以卵在寄主植物组织中越冬。成虫能飞善跳，喜欢在湿度较大的菜地活动为害，卵多产在作物叶脉两侧组织内，有时外露，卵盖常有粪便覆盖。6月下旬至7月上旬开始为害玉米。若虫与成虫在叶部刺吸汁液，为害处留下白色不规则的条点状斑纹（图38-3）。

[调查要点]　在玉米生育期，调查中下部叶片是否有不规则白色条点状斑纹。

[防治技术]　在成若虫盛发期用10%吡虫啉可湿性粉剂1 000～1 500倍液、40%乐果乳油1 000倍液、4.5%高效氯氰菊酯乳油或20%甲氰菊酯乳油2 000倍液，任选其一喷雾防治。

图38-1　甘薯跳盲蝽田间为害症状

图38-2　甘薯跳盲蝽成虫

图38-3　甘薯跳盲蝽为害叶片造成白色条点状斑纹

39. 玉米叶螨

叶螨俗称红蜘蛛，为害玉米的主要种类有截形叶螨（*Tetranychus truncatus*）（图39-1）、朱砂叶螨（*T. cinnabarinus*）和二斑叶螨（*T. urticae*）（图39-2）三种，均属蛛形纲真螨目，叶螨科。该虫在我国分布广泛，以成、若虫刺吸玉米组织汁液，被害处呈现褪绿斑点（图39-3），严重时叶片完全变白干枯，籽粒秕瘦，造成减产。

[形态特征]　三种玉米叶螨的形态特征见下表。

三种玉米叶螨的形态特征

特征		截形叶螨	朱砂叶螨	二斑叶螨
体长	雌	0.51～0.56毫米	0.42～0.53毫米	0.42～0.51毫米
	雄	0.44～0.48毫米	0.38～0.42毫米	0.26～0.40毫米
体色		深红色或锈红色，雄螨黄色	深红色或锈红色	淡黄色或黄绿色，滞育型橘红色
纹突		半圆形，宽大于高	三角形，宽小于高	半圆形，宽大于高
雄螨阳茎		短粗，端锤较小，背缘平截，远侧突尖锐，近侧突钝圆	端锤较大，背缘呈钝角，远侧突较尖锐，近侧突较圆	端锤较大，背缘呈弧形，两侧突较尖锐

[发生规律]　玉米叶螨在华北和西北地区1年发生10～15代，长江流域及其以南地区1年15～20代左右。在长江以北地区以雌成螨在作物和杂草根际或土缝内越冬，耐寒力强，在零下26℃仍可存活。翌年早春，当5日平均气温达3℃左右时，越冬螨即可活动取食。5日平均气温达7℃，越冬雌成螨产卵（图39-4）。5日平均气温12℃以上时，第一代卵开始孵化，发育至若螨和成螨时正值春玉米出苗，转到玉米苗上繁殖为害。一般先在玉米下部叶背取食活动，在叶片上呈聚集分布状，且为害部有丝状物。然后逐渐由下部叶片向上部蔓延，在株间通过吐丝垂飘水平扩散，在田间呈点片分布。叶螨发生适宜温度为22～28℃，6月前后为初发期。干旱少雨利于叶螨发生，7～8月份进入为害盛期，有世代重叠现象。

[调查要点]　6～7月，调查玉米下部叶片背面有无叶螨及其为害的褪绿、黄白色斑点。

图39-1 截形叶螨

图39-2 二斑叶螨

图39-3 叶螨为害叶片造成失绿斑点

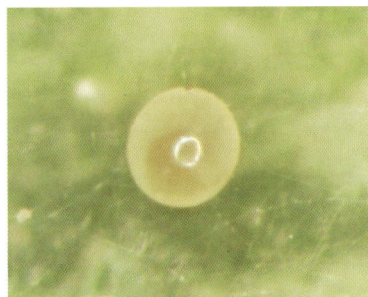

图39-4 叶螨的卵

[防治技术]

（1）农业防治：深翻土地，将土壤表层越冬虫体翻入深层致死。有灌溉条件的地块实行冬灌或春灌。清除田间、地边和沟渠旁杂草。

（2）化学防治：用1.8%阿维菌素乳油1 500～2 000倍液、20%双甲脒乳油1 000～1 500倍液、73%炔螨特乳油2 000倍液、50%溴螨酯乳油1 000倍液、5%噻螨酮乳油2 000倍液、20%甲氰菊酯乳油1 500倍液或40%乐果乳油1 500倍液任选一种，着重喷洒于玉米中下部叶片背面。

40. 玉米蚜

玉米蚜（*Rhopalosiphum maidis*）属同翅目蚜科。全国各地均有发生，除为害玉米外，还为害谷子、高粱、麦类、水稻、黍稷等作物和狗尾草、早熟禾、芦苇、马唐、牛筋草等禾本科杂草。通过刺吸汁液为害玉米叶片（图40-1）和雄穗（图40-2）。苗期蚜虫群集于心叶为害，严重时植株生长停滞，同时还会传播玉米矮花叶病毒。

[形态特征]

有翅孤雌胎生蚜（图40-3） 体长1.6～1.8毫米，翅展5.6毫米。头、胸黑色发亮。腹部黄绿色或墨绿色，第三、四、五节两侧各有1个黑色小点。触角6节，黑色，长1.2毫米左右，比体短，第三节上有小圆次生感觉圈12～19个，呈不规则排列，第四节有次生感觉圈1～5个，第五节除有1原生感觉圈外还有次生感觉圈0～2个。复眼红褐色，中额瘤及额瘤稍隆起。翅透明，中脉三叉。足黑色，腿节和胫节末端色较淡。腹管长圆筒形，端部收缢，上具复瓦状纹。尾片圆锥形，中部微收缩，有毛4～5根。腹管与尾片均为黑色。

无翅孤雌胎生蚜（图40-4） 体长1.8～2.2毫米，淡绿色或墨绿色，附肢黑色，薄被白粉。复眼红褐色、触角6节，长0.6～0.7毫米，约为体长的1/3，第三、四、五各节无次生感觉圈。腹管长圆筒形，上具复瓦状纹，基部周围有黑色晕纹。尾片圆锥形，中部微收缢。

图40-1 玉米蚜为害叶片

图40-2 玉米蚜为害雄穗

图40-3 有翅蚜

图40-4 无翅蚜

[发生规律]　玉米蚜在华北1年发生20代，在长江流域发生20代以上。以成、若蚜在大麦、小麦和禾本科杂草的心叶越冬。翌年3～4月开始活动为害，麦类黄熟后产生有翅蚜，迁往玉米等作物上为害。秋季产生有翅蚜，迁往小麦和其他禾本科杂草上越冬。玉米蚜终生孤雌生殖，高温干旱年份发生多、虫口增长快。玉米生长中后期旬平均温度23～25℃、旬降水量低于20毫米易猖獗为害。大喇叭口末期蚜量迅速增加，扬花期蚜量猛增，在玉米上部叶片和雄花上群集为害。严重地块可造成玉米不抽穗或抽穗后因"蜜露"影响授粉（图40-5），造成大面积减产。

图40-5　蚜虫严重为害形成蜜露

[调查要点]　玉米苗期至穗期调查蚜虫数量，当田间有蚜株率达到30%～40%、苗期百株蚜量2 000头以上或成株期百株蚜量1.5万头以上时及时防治。

[防治技术]

（1）农业防治：选种抗蚜品种，结合田间中耕，清除田间、沟边杂草，消灭蚜虫的孳生地，减少虫量。

（2）化学防治：用40%乐果乳油50～100倍液涂于玉米的中部茎节，每株涂30～40厘米^2，或每亩用40%乐果乳油50毫升，加水2.5千克稀释后喷在20千克细砂土上，边喷边拌，然后把拌好的毒砂均匀撒在植株叶腋及心叶部位，药剂通过内吸传导杀死蚜虫，可避免对天敌的伤害。玉米生长后期，每亩用4.5%高效氯氰菊酯乳油1 500倍液、1.8%阿维菌素乳油1 500～2 000倍液或5%啶虫脒乳油1 500～2 000倍液，采用烟雾机施药防治。

41. 蓟马

玉米蓟马主要有禾蓟马（*Frankliniella tenuicornis*，图41-1）、黄呆蓟马（*Anaphothrips obscurus*，图41-2）、稻管蓟马（*Haplothrips aculeatus*，图41-3），三者均属缨翅目，前两种为蓟马科，后一种为管蓟马科。在全国玉米产区都有发生。近年来，随着耕作制度的变化，特别是玉米播期的多样化，为其提供了适宜的寄主条件，发生为害呈上升趋势。

[形态特征]　三种蓟马长翅型雌虫形态特征见下表。

三种蓟马长翅型雌虫形态特征

特征	黄呆蓟马	禾蓟马	稻管蓟马
体长	1～1.2毫米	1.3～1.4毫米	1.5～1.8毫米
体色	暗黄色，胸部有灰斑，腹部背面较暗	灰褐色至黑褐色，有时中后胸稍淡	黑棕色至黑色，体鬃较暗
头长宽比	头长短于头宽	头长约等于头宽	头长约为宽的1.2倍
触角颜色	第一节灰白色，第二至四节黄色	第三至四节和第五节基部黄色，其余灰褐色	第三节暗黄色或第三至六节基半部暗黄，端半部暗
前翅颜色	灰黄色	灰白色或微黄	无色透明，基部较暗

[发生规律]　蓟马以成、若虫锉吸叶片汁液（图41-4），并分泌毒素，抑制玉米生长，植株黄化，扭曲。被害植株叶片上出现成片银灰色斑（图41-5），叶片褪绿发黄，部分叶片畸形、破裂、不能展开，扭成牛尾巴状，使拔节无法进行，严重影响幼苗正常生长（图41-6）。

黄呆蓟马成虫除长翅型外还有少数为半长翅型和短翅型。孤雌生殖。行动迟缓，阴雨天活动减少，主要在玉米叶片背面刺吸为害。禾蓟马成、若虫都较活泼，多在叶心活动和取食。稻管蓟马成虫常在玉米喇叭口处活动，玉米抽穗后转移到雌、雄穗上为害。

黄呆蓟马年生代数不详，北京地区在玉米上繁殖2代；在贵州禾蓟马1年发生13代；稻管蓟马1年发生8代。三种蓟马均以成虫在禾本科杂草和冬小麦

图41-1　禾蓟马

图41-2　黄呆蓟马

图41-3　稻管蓟马

图41-4 蓟马刺吸植株汁液

图41-5 蓟马为害出现银灰色条斑

图41-6 蓟马田间为害状

上越冬。春季在禾本科杂草上越冬的成虫迁移到春玉米上繁殖为害；在麦田越冬的成虫春季在麦田繁殖和为害小麦，6月中下旬以后逐渐迁移为害夏玉米，尤以套播夏玉米苗受害重。除为害玉米外，还为害麦类、水稻、谷子、高粱及其他禾本科植物。玉米苗期对玉米蓟马为害最为敏感。干旱缺肥玉米田发生重。

[调查要点] 春玉米5～6月、夏玉米6～7月，调查玉米苗期叶片上有无被害状及虫量。

[防治技术]

（1）农业防治：在间苗定苗时注意拔除有虫苗，并带出田外深埋，可减少虫源。适时浇水施肥，促玉米早发快长，创造不利于蓟马的生存环境，可减轻危害。

（2）种子处理：用70%噻虫嗪（锐胜）可分散粒剂10～20克或70%吡虫啉可湿性粉剂30克，加水500毫升，拌种10千克。

（3）化学防治：用40%乐果乳油800～1 000倍液、4.5%高效氯氰菊酯乳油1 500倍液、5%啶虫脒乳油1 500～2 000倍液、30%乙酰甲胺磷乳油1 000倍液或1.8%阿维菌素乳油2 000倍液，任选其一喷雾防治。对于扭曲严重的植株应首先采取人工破除的方法打开心叶，然后使用以上药剂进行防治，同时施用一些促进生长的云大120等叶面微肥。

42. 东亚飞蝗

东亚飞蝗（*Locusta migratoria manilensis*）属直翅目蝗科，为迁飞性、杂食性害虫。我国多数省区都有发生，其中黄河、淮河、海河流域，渤海湾及黄河入海口的盐碱滩涂和一些水位涨落不定的湖泊、水库、河道和内涝洼地发生严重。以成虫和若虫咬食玉米叶片为害，严重发生时可造成绝产（图42-1）。

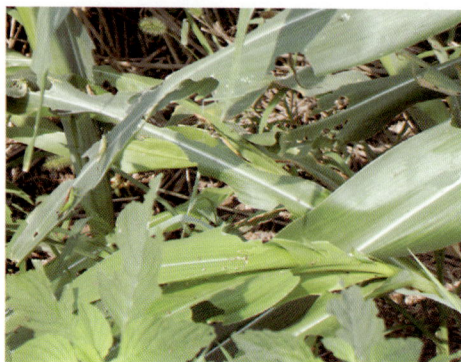

图42-1　蝗虫为害玉米

[形态特征]

成虫（图42-2）　雄成虫体长33.5～41.5毫米，前翅长32～46毫米。雌成虫体长39.5～51.5毫米，前翅长39～52毫米。东亚飞蝗头顶圆，颜面平直，口器位于头下方，为典型的咀嚼式口器；复眼较小，呈卵形；触角细长，呈丝状，有26节。群居型体色黄褐，雄虫在交配前体鲜黄色。前胸背板较短，前缘稍突出，后缘圆，前端中央隆起较低，后半部平，中部两侧向内显著凹入成马鞍形，沿中隆线两侧有黑色带纹。前翅狭长，有散生的暗黑色斑点，长度常超过腹端部较多。后翅膜状透明，呈淡黄色。后足股节外侧沿上缘部分色泽较深，内侧前半部黑色，后半部有1黑斑。胫节淡黄色或淡红色。散居型成虫（图42-3）前胸背板向上突出，呈屋脊状。头部、胸部和后足股节常带绿色，有"青大头"之称，是散居型成虫与群居型成虫的主要区别。飞蝗经过一段时间群聚生活后，蝗蛹外形上会发生改变，最明显的就是体色加深，成为群居型蝗虫。

图42-2　飞蝗成虫

图42-3　散居型蝗虫

卵　黄色或黄褐色，圆柱形，稍弯曲。长5.2～7.0毫米，宽1.1～1.8毫米。卵囊长筒形，长约45～61毫米，中间略弯，上部略细，约1/3为无卵的海绵状泡沫，每个卵囊含卵60～90粒，多者120粒，呈4行斜向排列。

若虫　共分5个龄期，可根据触角节数及翅芽大小加以区分，各龄体长、触角节数及翅芽大小见下表。

东亚飞蝗各龄期体长、触角节数及翅芽大小

龄期	一龄	二龄	三龄	四龄	五龄
体长（毫米）	5～10	8～14	15～21	16～26	28～40
触角节数	13～14	18～19	20～21	22～23	24～25
翅芽	不明显	翅芽明显，翅尖向后斜伸	前翅芽狭长，后翅芽三角形，翅脉渐明显	翅芽黑色，覆盖腹部第二节，前翅芽狭长，后翅芽呈三角形，翅脉明显	翅芽大，覆盖腹部第四、五节

[发生规律]　飞蝗在黄河、淮河、海河至长江流域1年发生2～3代，多数2代。第一代为夏蝗，第二代为秋蝗。蝗卵在土中越冬，翌年春夏季节孵化出蝗蝻，出土取食，经35～40天若虫变为成虫，称为夏蝗；夏蝗交配产卵，繁殖的下一代称秋蝗。刚孵化的若虫（蝗蝻）活动能力较弱，多集中在孵化场所附近取食，虫龄增大后群集性迁移明显。群集迁移与阳光和温度有关，在28～37℃最适温度的晴天，若虫朝着与太阳光线垂直方向跳跃迁移。飞蝗成虫有结群迁飞习性，在发生基地种群数量超过一定程度后形成群居型，常群集向外迁飞，下落到农区造成灾害。我国黄淮海平原的滨海蝗区、沿海蝗区、内

涝蝗区和河泛蝗区及其他地区耕作粗放的玉米田受害较重。

[调查要点] 加强蝗区的虫情测报，主要查蝗卵、蝗蝻数量，当每平方米蝗蝻数量达0.5头以上时及时防治。

[防治技术]

（1）改造蝗区：采取各种措施兴修水利、疏通河道、排灌配套、稳定水位、开垦荒地、防止土地盐碱化，实施作物合理布局，改变蝗区生态条件，使蝗虫失去孳生基地，进行生态控制可减轻蝗虫发生为害。

（2）生物防治：每亩用微孢子虫生物制剂（$3×10^{10}$个活孢子虫）或20%杀蝗绿僵菌油剂35毫升对水喷雾防治。

（3）化学防治：用20%除虫脲（灭幼脲1号）悬浮剂1 000～1 500倍液、25%氰·辛乳油（快杀灵）1 000～1 500倍液、40%敌·马乳油1 000倍液、0.38%苦参碱可溶性液剂1 000～1 500倍液、48%毒死蜱乳油800～1 000倍液或4.5%高效氯氰菊酯乳油1 000倍液，任选其一，在三龄盛期喷雾。

43. 大青叶蝉

图43-1 大青叶蝉田间为害状

大青叶蝉（*Tettigella viridis*）属同翅目叶蝉科。在全国各地都有发生，是一种杂食性害虫。寄主植物包括果树、林木和农作物等多达160余种。以成虫、若虫刺吸玉米茎叶汁液为害，被害叶面呈现褪绿白斑（图43-1），叶尖枯卷。幼苗受害严重时，叶片发黄卷曲，甚至枯死。

[形态特征]

成虫（图43-2） 体长7.1～10.1毫米，青绿色。头冠部淡黄绿色，前部左右各有一组淡褐色弯曲横纹，此横纹与前下方后唇基横纹相接。两单眼间有一对多边形黑斑。前胸后2/3深绿色，前1/3黄绿色。小盾片三角形，黄色。前翅绿色，微带蓝色，末端灰白色，透明，翅脉青黄色；后翅烟黑色，半透明。腹部背面黑色，两侧及末节橙黄色带烟黑色。足黄白至橙黄色。

卵（图43-3） 长1.6毫米，宽0.4毫米，长椭圆形，一端尖，黄白色。

若虫（图43-4） 共5龄。初孵若虫灰白色，头大腹小。三龄后变黄绿色，胸、腹背面有4条褐色纵纹，具翅芽。

[发生规律]　在我国北方1年发生3代。以卵在果树、林木枝干皮层下越冬，翌年3～4月孵化。初孵若虫喜群聚，以后渐分散。若虫期30～50天。越冬代成虫在5月下旬至7月由越冬场所逐渐转移到大田作物上为害和繁殖。8～9月主要为害玉米、谷子、高粱、蔬菜等作物。成虫喜群居，具趋光性。盛发期一片玉米叶有虫多达30～40头。春玉米区玉米10叶期左右为为害盛期。成虫以锯齿状的尾部产卵器在玉米叶背主脉两侧或叶鞘垂直刺一长约5～8毫米产卵口，然后把卵产在伤口组织内，每个产卵处有卵5～12粒不等。伤口表面变为褐色伤痕（图43-5）。每头雌虫可产卵30～70粒。9月下旬至10月玉米成熟后，成虫转移到附近林木和果树枝干上产卵越冬。长江流域，成虫多在禾本科杂草茎基部产卵越冬。华南地区，冬季各种虫态均有。

[调查要点]　玉米生长期间注意观察叶部有无该虫发生，虫量较大时进行防治。

[防治技术]

（1）灯光诱杀：在成虫盛发期进行灯光诱杀。

（2）化学防治：成、若虫盛发期用10%吡虫啉可湿性粉剂1 000～1 500倍液、20%异丙威乳油800倍液或4.5%高效氯氰菊酯乳油1 500倍液，任选其一，喷雾防治。

图43-2　大青叶蝉成虫

图43-3　大青叶蝉卵

图43-4　大青叶蝉若虫

图43-5　大青叶蝉在叶鞘或叶主脉两侧产卵

44. 灰巴蜗牛

灰巴蜗牛（*Bradybaena ravida ravida* Bonson），别名蜒蚰螺、水牛，属腹足纲、柄眼目、巴蜗牛科，各地均有发生。灰巴蜗牛（图44-1）是我国常见的为害农作物的软体动物之一，食性较杂，一般多在田园为害蔬菜。近年来，该虫在局部地区为害玉米十分严重，在玉米叶片上顺叶脉舔食叶肉残存表皮造成白色纵条（图44-2），甚至造成叶片纵向破裂或将叶片吃光残留主脉（图44-3）。在玉米穗期为害花丝（图44-4）和灌浆籽粒（图44-5）造成减产。

[形态特征] 灰巴蜗牛内壳中等大小，壳质稍厚，坚固，呈圆球形，壳高15毫米，宽20毫米，有3～5个螺层，顶部几个螺层增长缓慢、略膨胀，体螺层急骤增长、膨大。壳面黄褐色或琥珀色，并具有细致而稠密的生长线和螺纹。壳顶尖。缝合线深。壳口呈椭圆形，口喙完整，略外折，锋利，易碎。轴喙在脐孔处外折，略遮盖脐孔。脐孔狭小，呈缝隙状。个体大小、颜色变异较

图44-1 灰巴蜗牛

图44-2 灰巴蜗牛为害叶片造成白色纵条

图44-3 灰巴蜗牛严重为害残留主脉

图44-4 灰巴蜗牛为害花丝

大。卵圆球形，白色。

[发生规律]　1年发生1代，以成贝
和幼贝在田埂土缝和残株落叶中、宅前
屋后的杂物下越冬。翌年3月下旬开始
活动，4月下旬至5月上旬交配产卵。白
天潜伏，傍晚或清晨取食，阴雨天多整
天栖息在植株上。为害盛期在8～9月
间。初产卵表面具黏液，干燥后把卵黏
在一起成块状，初孵幼贝多群集在一起
取食，成贝分散为害，喜栖息在植株茂
密低洼潮湿处。温暖多雨天气及田间潮
湿地块作物受害重；遇高温干燥条件，
蜗牛常把壳口封住，潜伏在潮湿的土缝
中或茎叶下，待条件适宜时，如下雨或
灌溉后，于傍晚或早晨外出取食。11月开始越冬。

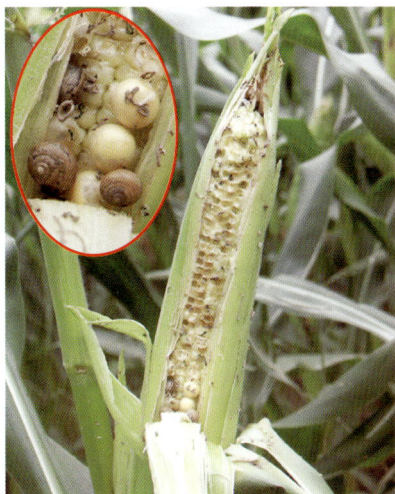

图44-5　灰巴蜗牛舔食籽粒

[调查要点]　玉米生长期间注意调查田间蜗牛量和被害情况，及时进行防治。

[防治技术]

(1) 人工防治：清晨或阴雨天人工捕捉，集中杀灭。

(2) 化学防治：每亩用50%杀螺胺乙醇胺盐（螺灭杀）可湿性粉剂60～
80克加适量水喷洒于25～30千克细砂土上，边喷边拌制成毒土，于傍晚撒于
植株茎基部。或每亩用6%四聚乙醛（密达）颗粒剂2千克，碾碎后拌细砂土
25～30千克，于傍晚撒于植株茎基部或叶腋。

三、玉米田杂草

目前在我国玉米田中的主要杂草有30多种，春播玉米田主要有马唐、牛筋草、稗草、狗尾草、莎草、反枝苋、葎草、龙葵、铁苋菜、打碗花、田旋花、藜、酸模叶蓼、苍耳、苘麻、黄花蒿、龙葵、苣荬菜、苦荬菜、刺儿菜、猪毛菜、问荆等；夏播玉米田主要有狗尾草、稗草、马唐、牛筋草、反枝苋、马齿苋、铁苋菜、刺儿菜、藜、小藜、苍耳、龙葵、打碗花、田旋花、萹蓄、苘麻、莎草、苣荬菜、葎草等。另外，随着麦田机械化收割的普及，自生麦已成为玉米田中的主要草害。而且，随着免耕技术的推广，小麦收割后遗留在玉米田中的杂草数量多、草龄大，已成为玉米生产的主要威胁。另一方面，随着一些除草剂的长期使用，田间杂草种群已发生变化，宿根性杂草如旋花科杂草、芦苇的比例上升，危害加重。另外，由于生产者对除草剂种类和技术使用不当，造成防除效果不佳、药害频发。

（一）玉米田主要杂草

45. 藜（*Chenopodium album* L.）

图45-1 苗期藜

图45-2 成株期藜

46. 小藜（*Chenopodium serotinum* L.）

图46-1　苗期小藜

图46-2　成株期小藜

47. 刺藜（*Chenopodium aristatum* L.）

图47　成株期刺藜

48. 反枝苋（*Amaranthus retroflexus* L.）

图48-1　苗期反枝苋

图48-2　成株期反枝苋

49．凹头苋（*Amaranthus lividus* L.）

图49-2　凹头苋叶片

图49-1　成株期凹头苋

50．白苋（*Amaranthus albus* L.）

图50-1　苗期白苋

图50-2　成株期白苋

51．马齿苋（*Portulaca oleracea* L.）

图51-1　苗期马齿苋

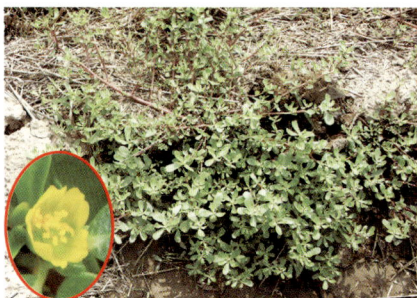

图51-2　成株期马齿苋

52.田旋花（箭叶旋花）（*Convolvulus arvensis* L.）

图52-1　苗期田旋花

图52-2　成株期田旋花

53.打碗花（*Calystegia hederacea* Wall.）

图53-1　苗期打碗花

图53-2　成株期打碗花

54．圆叶牵牛［*Pharbitis purpurea* (L.) Voigt］

图54-1　苗期圆叶牵牛

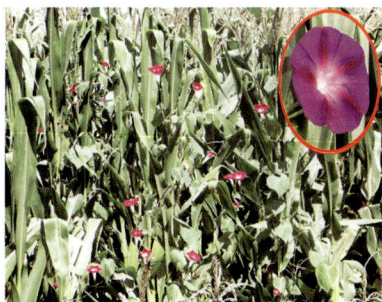

图54-2　成株期圆叶牵牛

55．裂叶牵牛 [*Pharbitis nil* (L.) Choisy]

图55-1　苗期裂叶牵牛

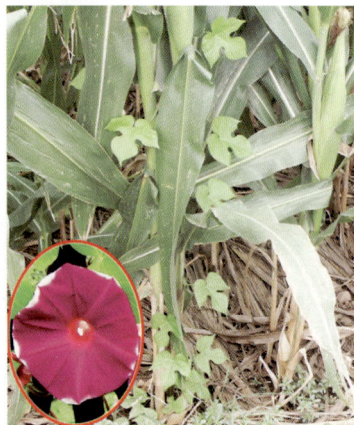

图55-2　成株期裂叶牵牛

56．苣荬菜（*Sonchus brachyotus* DC.）

图56-1　苗期苣荬菜

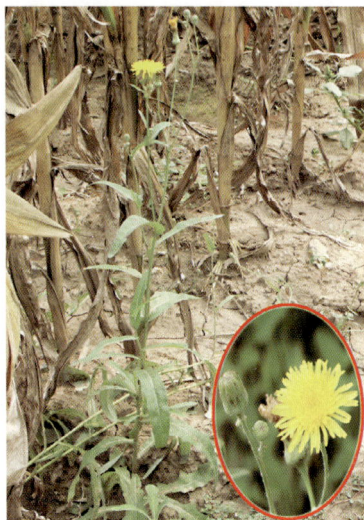

图56-2　成株期苣荬菜

57. 山苦荬 ［*Ixeris chinensis* (Thunb.) Nakai］

图 57 - 1　苗期山苦荬

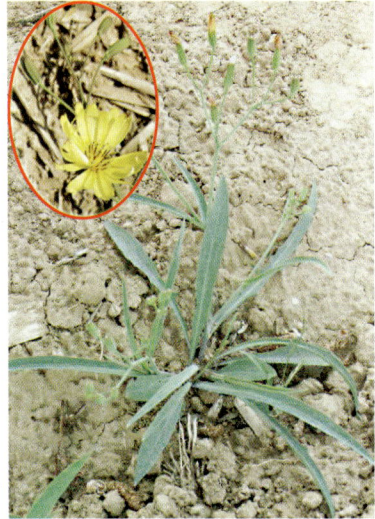

图 57 - 2　成株期山苦荬

58. 苦苣菜 （*Sonchus oleraceus* L.）

图 58 - 1　苗期苦苣菜

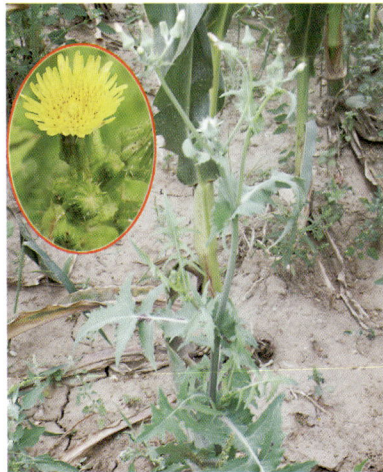

图 58 - 2　成株期苦苣菜

59. 泥胡菜 （*Hemistepta lyrata* Bunge）

图59-1　泥胡菜

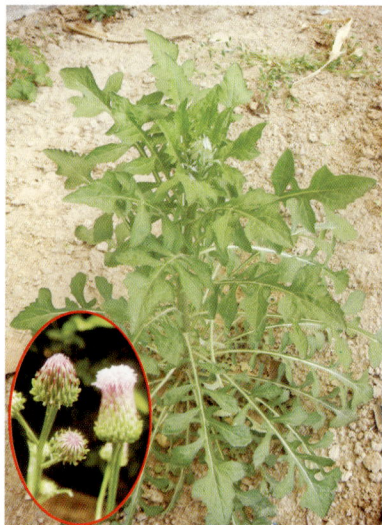

图59-2　成株期泥胡菜

60. 苍耳 （*Xanthium sibiricum* Patrin.）

图60-1　苗期苍耳

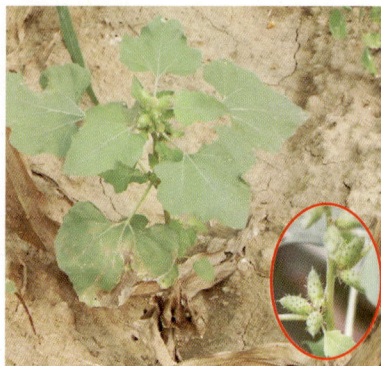

图60-2　成株期苍耳

61. 刺儿菜 [*Cephalanoplos segetum* (Bunge) Kitam.]

图61-1 苗期刺儿菜

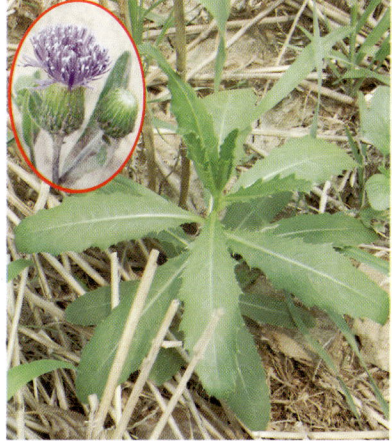

图61-2 成株期刺儿菜

62. 黄花蒿（*Artemisia annual* L.）

图62 成株期黄花蒿

63. 龙葵 (*Solanum nigrum* L.)

图63-1　苗期龙葵

图63-2　成株期龙葵

64. 曼陀罗 (*Datura stramonium* L.)

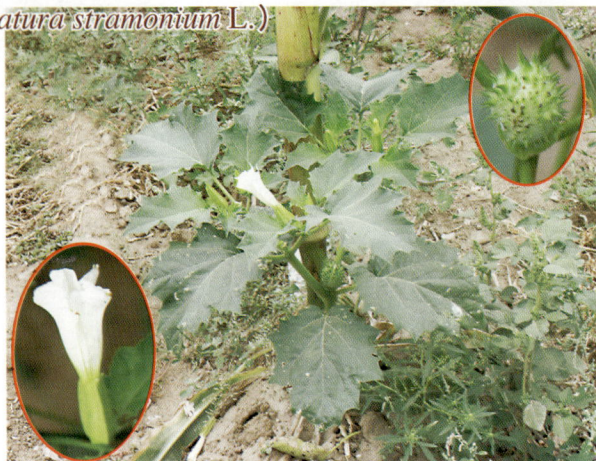

图64　成株期曼陀罗

65. 酸模叶蓼 (*Polygonum lapathifolium* L.)

图65-1　苗期酸模叶蓼

图65-2　成株期酸模叶蓼

66. 萹蓄（*Polygonum aviculare* L.）

图66-1　苗期萹蓄

图66-2　成株期萹蓄

67. 铁苋菜（*Acalypha australis* L.）

图67-1　苗期铁苋菜

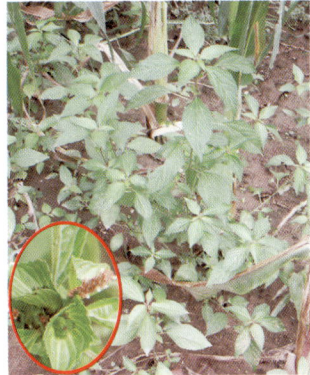

图67-2　成株期铁苋菜

68. 苘麻（*Abutilon theophrasxi* Medic.）

图68-1　苗期苘麻

图68-2　成株期苘麻

69. 葎草 [*Humulus scandens* (Lour.) Merr.]

图69-1　苗期葎草

图69-2　成株期葎草

70. 地锦（*Euphorbia humifusa* Willd.）

图70-1　苗期地锦

图70-2　成株期地锦

71. 马唐 [*Digitaria sanguinalis* (Linn.) Scop.]

图 71-1　苗期马唐

图 71-2　成株期马唐

72. 牛筋草 [*Eleusine indica* (L.) Gaerth]

图 72-1　苗期牛筋草

图 72-2　成株期牛筋草

73. 稗 [*Echinochloa crusgalli* (L.) Beauv.]

图 73-1　苗期稗草

图 73-2　成株期稗草

74. 狗尾草 [*Setaria niridis* (L.) Beaur.]

图74-1　苗期狗尾草

图74-2　成株期狗尾草

75. 问荆（*Equisetllm arvense* L.）

图75-1　问　荆

图75-2　问荆孢子茎

76. 香附子（*Cyperus rotundus* L.）

图76-1　苗期香附子

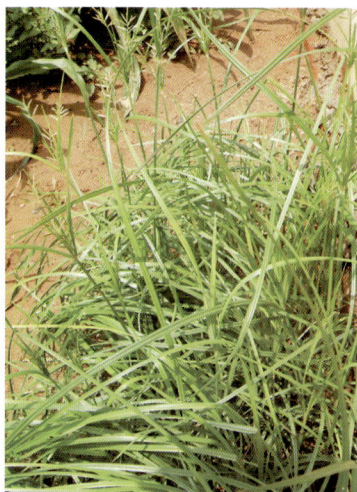

图76-2　成株期香附子

77. 鸭跖草（*Commelina communis* L.）

图77-1　鸭跖草幼苗

图77-2　成株期鸭跖草

（二）化学除草技术

　　20世纪80年代以前，我国防除田间杂草的方式比较简单，一直沿用传统的锄头除草、人工拔草，以及用犁进行中耕除草等。20世纪80年代后期，由于化学除草技术可以大大降低劳动强度、提高除草效率，开始在我国广泛应用，且发展迅速，目前已有80%以上的农田实行化学除草，特别是夏播玉米田，化学除草面积已超过95%。

1.除草剂类型

根据除草剂的作用方式及施药时间玉米田除草剂可分为土壤封闭处理剂和茎叶处理剂。

（1）土壤封闭处理剂：该类除草剂可通过喷撒于土壤表层或通过混土操作拌入土壤中，建立起一个除草剂封闭层，当杂草萌发后，可被其根、芽鞘或上下胚轴等吸收而发挥除草作用。这类除草剂常见品种有莠去津、乙草胺、异丙甲草胺、甲草胺、氰草津等。其中部分品种对刚出土的1～2叶龄杂草也有防除效果，但是随着草龄的增大，防除效果会降低。如：莠去津、2甲4氯等。

（2）茎叶处理剂：该类除草剂通过在杂草出苗后，草龄尚小，一般在杂草分枝或分蘖前，将药液喷施到杂草茎叶表面或地表，通过触杀以及杂草茎叶和根的吸收与再传导，到达杂草的生长点及其余没有着药部位，致使其死亡，达到防除效果。茎叶处理除草剂根据有无选择性又分为两大类：

选择性茎叶处理剂：能杀死杂草而不伤害作物的除草剂称选择性除草剂。这种除草剂有时只能杀死农田中的某类或某种杂草，而对作物影响较小。目前市场上大部分都属于这种除草剂，如：甲基磺草酮、烟嘧磺隆、莠去津、溴苯腈、氯氟吡氧乙酸、2,4-D丁酯等。

灭生性茎叶处理剂：它不分作物和杂草，统统杀死。这类除草剂根据作用方式又可分为两种类型：一种是传导型灭生性茎叶处理剂，如草甘膦，该类药剂喷洒后，可通过茎叶吸收传导到植物各部位，致其死亡，故该药对宿根性杂草有较好的防除效果。另外一种是触杀型灭生性茎叶处理剂，如百草枯。此种除草剂主要是作用于叶绿体，阻止叶绿素合成，从而阻止植物光合作用。所以只要是绿色的茎叶组织，接触到药液就褪绿枯死。该类除草剂为触杀型除草剂，没有内吸传导作用，它对没有叶绿素的老化茎组织及未着药部位和根部等没有作用。

另外，由于一些除草剂杀草谱较窄，且除草方式比较单一，对一些杀草谱外的杂草和不同草龄的杂草防除效果不理想或无效，且有施用时期限制，使得这些除草剂在除草效果和使用范围上受到很大限制。市场上多利用两种或三种类型的除草剂复配混用，制成二元或三元复混除草剂，不但可扩大杀草谱，提高对不同草龄杂草的防除效果。而且扩大了除草剂适用时期，提高了除草剂对不同时期杂草的防除效果，降低一些土壤处理剂的使用剂量，减少了高残留除草剂对环境的污染。市场上很大一部分属于这类除草剂，使用比较多的有乙·莠合剂、丁·莠合剂、莠去津＋烟嘧磺隆、烟嘧磺隆＋特丁津等。

2.常用除草剂及其使用方法

2,4-D丁酯

【英文通用名】2,4-D butylate

【中文通用名】2,4-D丁酯；2,4-二氯苯氧乙酸丁酯

【常用制剂】72% 2,4-D丁酯乳油、76% 2,4-D丁酯乳油

【作用特点】2,4-D丁酯是一种选择性内吸传导激素型除草剂。具有较强的内吸传导性，在很低浓度下（＜0.01%）即能抑制植物正常生长发育，出现畸形，直至死亡。主要用于苗后茎叶处理，展着性好，渗透性强，易进入植物体内，不易被雨水冲刷，对双子叶杂草敏感，对禾谷类作物安全。对棉花、大豆、马铃薯等有药害。

【防除对象】主要防除藜、蓼、反枝苋、荸草、问荆、苦荬菜、刺儿菜、苍耳、田旋花、马齿苋等阔叶杂草，对禾本科杂草无效。

【使用方法】可在播后苗前每亩用72% 2,4-D丁酯乳油30～50毫升，对水35千克均匀喷施土表和已出土杂草上。也可于玉米出苗后4～5叶期，每亩用72% 2,4-D丁酯乳油20～30毫升，对水35千克，对杂草茎叶喷雾。2,4-D丁酯乳油可与烟嘧磺隆等混用，剂量各减半，以扩大杀草谱。2,4-D丁酯挥发性很强，药剂雾滴可在空气中飘移，使敏感植物受害。因此该药施用时应选择无风或风小的天气进行，喷雾器的喷头最好戴保护罩，防止药剂雾滴飘移到双子叶作物田造成药害。目前2,4-D异辛酯正逐步取代2,4-D丁酯。使用过2,4-D丁酯的药械应彻底清洗干净或最好专用。

2甲4氯

【英文通用名】MCPA-Na

【商品名】2甲4氯

【常用制剂】13% 2甲4氯钠盐水剂、20% 2甲4氯钠盐水剂、56% 2甲4氯钠原粉

【作用特点】2甲4氯为激素型选择性除草剂。可被植物根、茎、叶吸收并传导，适用于禾本科作物田，阔叶作物敏感。

【防治对象】可防除酸模叶蓼、藜、反枝苋、苍耳、问荆、荠菜、田旋花、苣荬菜、苘麻、马齿苋、刺儿菜、鸭跖草等阔叶杂草和莎草科杂草，对禾本科杂草无效。

【使用方法】玉米播后苗前，每亩用20% 2甲4氯钠盐水剂50～70毫升，

对水进行土表喷雾。选早晚气温低、风小时施药。可与使它隆、伴地农等混用，扩大杀草谱。

乙草胺

【英文通用名】acetochlor

【商品名】禾耐斯

【常用制剂】90%禾耐斯乳油、50%乙草胺乳油、88%乙草胺乳油、20%乙草胺可湿性粉剂等

【作用特点】乙草胺为选择性苗前土壤处理除草剂。该药可被植物幼芽吸收，种子和根也能吸收一部分，但量较少。吸收后传导到植物体内，抑制蛋白酶合成，使幼芽、幼根停止生长。如果田间墒情较好，则幼芽未出土即被杀死。如土壤墒情较差杂草出土时茎叶也能吸收土表的药剂传导到植物体内而发挥作用，使杂草死亡。

【防治对象】乙草胺对大部分一年生禾本科杂草如稗草、狗尾草、马唐、牛筋草等及一些小粒种子的阔叶杂草如藜、反枝苋、鸭跖草、萹蓄、铁苋菜等都有很好的防除效果。

【使用方法】玉米播后苗前，东北地区每亩用50%乙草胺乳油120～250毫升，其他地区为100～150毫升。

异丙甲草胺

【英文通用名】metolachlor

【商品名】都尔

【常用制剂】72%都尔乳油

【作用特点】异丙甲草胺为播后苗前选择性土壤处理除草剂，主要通过植物的幼芽吸收向上传导。种子和根也能吸收较少量的药剂,传导速度慢。出苗后主要靠根吸收向上传导，抑制幼芽与根的生长使其中毒死亡。

【防治对象】该除草剂对一年生禾本科杂草如稗草、狗尾草、牛筋草等和一年生阔叶杂草如鸭跖草、荠菜、萹蓄等，以及莎草科杂草都有很好的防除效果。

【使用方法】每亩用72%都尔乳油100～150毫升，玉米播后苗前施药，同时可与莠去津或2,4-D异辛酯等混用。

烟嘧磺隆

【英文通用名】nicosulfuron

【商品名】玉农乐

【常用制剂】4%烟嘧磺隆（玉农乐）悬浮剂、80%玉农乐可湿性粉剂

【作用特点】烟嘧磺隆为选择性茎叶处理除草剂。烟嘧磺隆由植物茎叶及根部吸收，通过植物的木质部和韧皮部迅速传导，抑制植物乙酰乳酸合成酶，来阻碍支链氨基酸的合成。杂草吸收药剂后，很快停止生长，生长点褪绿白化，逐渐扩展到其他茎叶部分，使植株枯死。

【防治对象】烟嘧磺隆可防除玉米田中的马唐、牛筋草、狗尾草、野高粱、反枝苋、马齿苋、藜、苍耳、鸭跖草、莎草等，对打碗花、田旋花也有一定防效。

【使用方法】4%烟嘧磺隆（玉农乐）悬浮剂亩用40～60毫升。该除草剂对不同品种的玉米敏感性差异较大，其安全性顺序为马齿型玉米、硬质玉米、爆裂玉米、甜玉米。由于甜玉米、爆裂玉米和部分登海系列等玉米对该药敏感，在这些品种上禁止使用。另外，制种田勿用。该除草剂应在玉米2～8叶期施用。在施用烟嘧磺隆的前后7天内勿施有机磷类农药。高温干旱或空气相对湿度过大时不宜施药。

硝磺草酮（甲基磺草酮）

【英文通用名】mesotrione

【商品名】千层红

【常用制剂】55%硝磺草酮·莠去津悬浮剂（商品名：耕杰）

【作用特点】硝磺草酮为选择性苗前、苗后处理除草剂。硝磺草酮被杂草吸收传导，抑制叶片内羟苯基丙酮酸脱氧酶活性，使植物失去了保护叶绿素免受紫外线照射的防护物，叶绿素遭到破坏，使杂草叶片白化而死亡。

【防治对象】可防除一年生阔叶杂草，如藜、苋类、鸭跖草、苘麻、苍耳等，及一年生禾本科杂草如稗草、马唐、牛筋草、狗尾草等。

【使用方法】春玉米每亩用55%硝磺草酮·莠去津悬浮剂80～120毫升，夏玉米每亩用60～100毫升。

草甘膦

【英文通用名】glyphosate

【商品名】农达

【常用制剂】41%草甘膦水剂、41%农达水剂、10%草甘膦铵盐水剂。

【作用特点】草甘膦为内吸传导型广谱灭生性除草剂，通过抑制植物体内莽草素向苯丙氨酸、络氨酸及色氨酸的转化，使蛋白质的合成受到干扰导致植物死亡。

【防除对象】可防除一年生、多年生禾本科杂草、莎草科和阔叶杂草等。

【使用方法】每亩用41%草甘膦水剂100 ～ 300克对水30 ～ 45千克。该药必须喷施到杂草茎叶上，才能达到理想防效。对地下萌芽未出土的杂草效果较差。玉米田中应在播前施药。苗后不能再用，以免产生药害。防除敏感的宿根性杂草应适当加大药量。

百草枯

【英文通用名】paraquat
【商品名】克无踪、对草快
【常用制剂】20%克无踪水剂、20%百草枯水剂
【作用特点】百草枯为速效触杀型灭生性除草剂。植物绿色部位在接触到百草枯后，百草枯在绿色组织中通过光合作用和呼吸作用，使叶绿组织中的水和氧形成过氧化氢游离基，破坏叶绿体膜，光合作用和叶绿素合成很快中止。绿色茎叶着药部位在2 ～ 3小时即开始变色。该药对单、双子叶植物的绿色组织均有很强的破坏作用，但无传导性，只能使着药部位受害，对无叶绿素或栓质化组织没有作用。
【防除对象】玉米田多数一年生杂草。
【使用方法】玉米田播前或播后苗前亩用20%百草枯水剂200 ～ 300毫升，可根据杂草发生情况增减。玉米田苗后杂草防除要求玉米苗在8 ～ 10叶期以后，使用防护罩在玉米行间定向喷雾。在玉米苗行间喷施百草枯时一定注意不能使药液飘移到玉米的茎叶上，以免造成药害。

氯氟吡氧乙酸

【英文通用名】fluroxypyr
【商品名】氟草定、使它隆、治莠灵
【常用制剂】20%使它隆乳油、20%氯氟吡氧乙酸乳油
【作用特点】氯氟吡氧乙酸是内吸传导型苗后处理除草剂。施药后很快被植物吸收，使敏感植物出现典型激素类除草剂的反应，植株畸形、扭曲，最终枯死。
【防除对象】可防除猪殃殃、马齿苋、龙葵、繁缕、田旋花、酸模叶蓼、反枝苋、鸭跖草等各种阔叶杂草，对禾本科和莎草科杂草无效。
【使用方法】在玉米苗后6叶期之前，杂草2 ～ 5叶期，亩用20%氯氟吡氧乙酸乳油50 ～ 65毫升；防除田旋花、打碗花、马齿苋等难治杂草，亩用20%氯氟吡氧乙酸乳油65 ～ 100毫升。使它隆与其他除草剂混用，可扩大杀草谱。施药时，在氯氟吡氧乙酸药液中加入喷药量0.2%的非离子表面活性剂，可提高药效。应在气温低、风速小时喷施药剂，空气相对湿度低于65%、气

温高于28℃、风速超过4米/秒时停止施药。

甲草胺

【英文通用名】alachlor

【商品名】拉索、奥特拉索

【常用制剂】48%甲草胺乳油、48%奥特拉索乳油、48%拉索乳油

【作用特点】甲草胺为酰胺类选择性苗前除草剂。由植物的胚芽鞘或下胚轴吸收后向上传导。植物的种子和根也吸收传导，但吸收量较少，传导速度较慢。甲草胺在植物体内抑制蛋白酶的活性使蛋白无法合成，致使芽和根停止生长。最后造成杂草枯死。

【防除对象】可防除马唐、稗草、狗尾草等一年生禾本科杂草及苋、马齿苋等阔叶杂草，对田旋花、狗牙根等多年生杂草无效。

【使用方法】可亩用43%甲草胺150～300毫升，对水40～50千克，在播后苗前进行土壤处理。一般常与莠去津混用，扩大杀草谱。

莠去津

【英文通用名】atrazine

【商品名】阿特拉津

【常用制剂】40%莠去津悬浮剂、50%莠去津可湿性粉剂

【作用特点】莠去津为选择性内吸传导型苗前、苗后除草剂。以根吸收为主，茎、叶吸收很少，迅速传导到植物分生组织及叶部，干扰光合作用，使杂草死亡。

【防治对象】播后苗前使用，对未出土的一年生阔叶杂草和禾本科杂草具有较好的防效。苗后对一年生阔叶杂草的防效优于禾本科杂草。

【使用方法】华北地区土壤处理每亩用40%莠去津悬浮剂175～200毫升，东北地区土壤处理每亩用200～250毫升；茎叶处理每亩用125～150毫升。由于莠去津残效期长，对后茬作物有药害。在我国夏玉米区的后茬多为冬小麦，为保障作物安全，一般莠去津的最多亩用量不超过200毫升。莠去津还有累积残留的特点。为保证使用的安全性，根据莠去津的杀草特性，现在多采用混用的方式来降低莠去津的用量，扩大杀草谱，提高除草效果。

乙·莠

【商品名】乙·阿合剂

【常用制剂】40%乙·莠悬浮剂

【作用特点】为乙草胺与莠去津混配制剂，该药剂综合了乙草胺和莠去津的作用特点，扩大了杀草谱，增加了防除效果。

【防治对象】对一年生单、双子叶杂草具有较好的防除效果。如稗草、狗尾草、马唐、反枝苋、藜、蓼等。

【使用方法】40%乙·莠悬浮剂在春玉米田每亩300～400毫升，夏玉米田每亩150～250毫升。应掌握在玉米播后苗前，杂草2叶期前施药。

3.化学除草方法

（1）播前杀草处理及播后土壤处理　春播玉米田杂草防除可在玉米播后苗前进行。如田地较干净，一般采用土壤处理除草剂进行杂草防除。优点是操作简单方便，防除效果理想。常用药剂有莠去津+乙草胺、莠去津+甲草胺、莠去津+丁草胺或莠去津+异丙甲草胺等，可在玉米播后苗前均匀喷施至土壤表面。土壤处理剂使用时要注意土地平整无大坷垃，而且要求墒情较好，才能正常发挥药效。若土壤干旱时（即墒情不适于杂草种子萌发时），必须先浇灌，提高墒情后再施药。

夏播玉米田播后苗前的杂草防除也可采用土壤处理除草剂，但应适当降低用药量20%～30%。由于小麦机械化收割后，麦茬较高，地表麦秸和小麦颖壳较多，会影响药剂对地面的封闭作用，施药时应注意均匀周到。

另外，有些夏玉米田在上茬作物收获后，如麦茬田（图78）、蒜茬田等，会残留一些较大的杂草，而且上茬作物的留茬也会影响除草效果。对于这类"铁茬"播种的夏玉米田可采用"一杀一封"除草技术，即"杀"大草，"封"地面。根据田间草情可"封""杀"同步实施或先"杀"后"封"。例如：当杂草较小、密度较大时可在玉米播种浇蒙头水后每亩用40%乙·莠合剂150毫升和10%百草枯150毫升混合，加水45千克全田喷施；对于杂草苗龄较大且成条块状分布的地块，可在前茬作物收获后，每亩先用20%百草枯水剂200～300毫升150倍液定向喷雾，待玉米播种浇蒙头水后，再亩用40%乙·莠合剂150～200毫升，加水45千克全田均匀喷雾，封闭地表。从而通过封杀结合的方式达到理想的防除效果。

图78　麦茬田残留大量大草

（2）苗后茎叶处理　苗后茎叶处理是在玉米及杂草出土后一段时间内，玉米苗2～8叶期，杂草3～6叶期，在茎叶上喷洒除草剂进行杂草防除的措施。根据使用的除草剂是否具有选择性可分为定向喷施与非定向喷施两种施药方法。

①非定向喷施：如烟嘧磺隆（玉农乐）是当前首选玉米苗后非定向喷施除草剂，可除治玉米田包括自生麦在内的大部分一年生单、双子叶杂草，且对玉米较安全。定苗前喷施该药，一般可实现全生育期仅一次化学除草。

可用于苗后非定向喷雾的除草剂还有乙·莠合剂、硝磺草酮、氯氟吡氧乙酸、唑嘧磺草胺等。尽管非定向喷施的除草剂允许喷施到作物上，但也多存在一定程度的药害，施药时应尽量避免喷洒到作物上。

因苗后茎叶处理除草剂单剂存在杀草谱窄的缺点，市面上销售的苗后茎叶处理除草剂大部分都是二元或三元复配除草剂，只需按说明使用即可。为更好地发挥除草剂药效，一定要保证喷施的药液量，即每亩加水不能少于30～45千克，而且要均匀地喷施于杂草茎叶上，不可重喷或漏喷。

②苗后定向喷施：玉米进入拔节期后，田间杂草草龄偏大，数量偏多，可采用灭生性除草剂进行定向喷雾防除。常用的灭生性除草剂为百草枯和草甘膦等。施药时喷雾器喷头上应装防护罩，避免将药剂喷洒到玉米植株上，大风天切勿施药。

4. 化学除草注意事项

除草剂的使用方法及效果一般是因种植方式、品种、管理、土地状况、气候环境（包括小气候环境）、苗情、草情等不同而异，所以在使用时应注意以下几点。

（1）不论使用何种药剂，在使用前都必须仔细阅读产品包装上的使用说明书和注意事项，严格按其要求操作，避免出现问题。当风速超过每秒3米时，不能在田间喷施任何除草剂，防止药剂飘移到其他作物上产生药害。并且施用过除草剂的器械，要及时用碱水洗刷干净，使用后的残液或洗刷液，不能随意乱倒，要妥善处理。

（2）使用土壤处理除草剂时，首先要保证土地平整和墒情，才能达到预期效果。如墒情较差，提倡先浇地，后施药。使用茎叶处理除草剂时，要掌握玉米苗在2～8叶期，杂草3～6叶期施用。因为玉米苗在2叶期前，苗小体弱，抗逆能力差；而8叶期后，进入拔节期，细胞分裂快，玉米生长迅速，对除草剂的敏感度明显增加。所以在这两段时间内使用除草剂，都容易产生药害，包括一些影响玉米正常生长和产量的隐性药害。杂草进入3叶期时，大部分杂草都已经出苗，而且对除草剂的敏感度较高，这时使用除草剂，比较经济；而杂草进入6叶期后，开始分蘖或分枝，抗药性成倍增加，药效明显降低，需增加用药量，不但增加成本，也容易产生药害。

（3）施药时尽量避免将药液喷施到玉米喇叭口中，药液在喇叭口中存留时间过长，容易产生药害，所以施药时喷头尽量避开玉米心叶。在连续高温干旱时，一定要保证用水量，掌控好药液浓度，每亩用水量必须在30～45千克以上。施药时间应安排在早10时以前，下午4、5时之后，避开中午高温时段施药。施药时应均匀喷雾，不能重喷，也不能漏喷。使用灭生性除草剂，如百草枯等，需使用防护罩定向喷雾，而且在玉米苗12叶期左右进行，一定不要使药液飞溅到作物茎叶或飘移到其他作物上，以免产生药害。

（4）有的除草剂在土壤中残留时间长，不易分解，有的还具有累积作用，对下茬作物不安全，所以必须严格控制除草剂在当季作物上单位土地面积的使用量和使用次数。如莠去津，每亩用量必须低于150毫升。另外，有的玉米品种对某种或某类除草剂敏感，易产生药害，要谨慎使用。如烟嘧磺隆在甜玉米、爆裂玉米上禁用。

5. 主要除草剂常见药害

2甲4氯

施药过晚、药量过高或施药不均匀、遇干旱时易发生药害。药害症状一般至10叶左右才表现，主要是心叶展开不畅、成卷束状；气生根成板状（图79-1）或肿大（图79-2），不分条或分条少，导致下部茎节变脆易折断，玉米抗倒折能力降低。

图79-1　2甲4氯药害——板状根

图79-2　2甲4氯药害——气生根肿大

烟嘧磺隆

当药量过大、特殊气候环境或施药前后7天内施用有机磷农药以及个别敏感玉米品种均易产生药害。主要表现为着药部位出现失绿变白，叶质变薄，药害中心部位呈膜质而近透明（图80-1）；重度药害是植株地上部扭曲、心叶展开不畅（图80-2），植株矮化、多分蘖（图80-3），重者植株枯死（图80-4）；如与有机磷农药同时使用幼苗表现为紫红色中毒症状；敏感品种受害苗表现为叶片变黄或叶鞘、叶脉、叶肉紫红色褪绿，使作物不能正常生长（图80-5）。

图80-1　叶片失绿变白

图80-2　地上部扭曲

图80-3　植株矮小多分蘖

图80-4　严重发生导致植株枯死

图80-5　敏感品种（甜玉米）受害症状

硝磺草酮

硝磺草酮用药量过大或用药过晚以及炎热干旱时施药均有药害，轻度症状是叶片局部黄化、白化失绿，重度症状是整个心叶白化失绿，玉米死亡（图81）。受害植株抗倒能力差。

草甘膦

误施或药液飘落到玉米植株上都会产生药害。主要症状为叶片先出现水渍状后逐渐干枯，叶片向内卷曲，生长受到严重抑制，缓慢死亡（图82）。

百草枯

定向喷雾时如施药不当易飘移到玉米植株茎叶上引起药害（图83-1），造成着药部位失绿坏死（图83-2）。

图81 受害叶片局部黄化或白化

图82 受害导致植株死亡

图83-1 田间受害症状

图83-2 着药部位失绿坏死

附 录

一、玉米病虫害田间症状检索表
苗期（出苗—拔节）

1. 根茎受害

1.1 植株萎蔫或死亡

1.1.1 根茎部被咬断

被咬断处呈乱麻状，附近土表有隆起隧道…………………………………………蝼蛄

被害株附近土中可见体壁多皱褶的乳白色C形幼虫…………………………………蛴螬

除咬断根茎外也为害植株上部茎叶，被害株附近有黄褐色幼虫，背部有倒八字形斑纹

………………………………………………………………………………八字地老虎

被害株附近土表有黄褐色幼虫，背部无倒八字形斑纹…………………………黄地老虎

被咬断处伤口整齐，附近土表有灰黑色幼虫……………………………………小地老虎

1.1.2 根茎部有蛀孔

根茎部土中有20～30毫米长、体壁坚硬光滑的黄褐色钢丝虫……………………金针虫

除钻蛀根茎部外，有时也咬食次生根造成倒伏。根部附近有黄褐色幼虫，腹背每节中部

　　前缘隐约可见倒V形斑纹…………………………………………………二点委夜蛾

1.2 植株黄化、畸形

1.2.1 植株黄化

1.2.1.1 根茎部未受害，从心叶开始黄化，叶片不萎蔫

植株叶片从心叶基部开始顺叶脉褪绿，逐渐向上发展成黄绿相间的条纹斑………矮花叶病

1.2.1.2 根茎部受害，叶片由下至上黄化萎蔫

根上有椭圆形的白色扁平虫子………………………………………………………耕葵粉蚧

根际土中有黄褐色至棕褐色的圆形虫子，有臭味……………………………根土蟓
根部或茎基部变褐或腐烂……………………………………………………苗枯病

1.2.2 植株畸形

1.2.2.1 植株矮化、浓绿
节间缩短，叶片浓绿、宽短，叶脉有蜡白条突起……………………………粗缩病

1.2.2.2 叶部破损或扭曲
茎基部无蛀孔，被害株心叶粘连、扭曲或枯死；分蘖增多；叶片纵裂、破损或有黄白色
  条痕……………………………………………………………………黑麦秆蝇
茎基部无蛀孔，植株中上部叶片失绿、扭曲或腐烂，严重的茎基部纵向开裂，内部组织
  变褐……………………………………………………………………顶腐病
茎基部有蛀孔，常形成褐色纵裂，植株丛生，叶片扭曲、破损 …………………旋心虫

2. 叶部受害

2.1 害虫咬食叶片形成缺刻或孔洞

2.1.1 害虫咬食叶片形成缺刻
被害株上可见体表光滑，具多条各色体线，头额部有八字形纹的幼虫，严重被害仅剩
  主脉……………………………………………………………………黏虫
被害株上可见体表具各色毛片和刚毛的幼虫……………………………………棉铃虫
田间可见黄褐色或绿色能飞善跳的昆虫，玉米叶片严重被害仅剩主脉 …………蝗虫

2.1.2 害虫咬食叶肉，仅留表皮或叶片被蛀成长条形孔洞
被害株上可见背部有大口瓶状黑斑的灰色甲虫……………………………………稻水象甲

2.2 害虫刺吸叶片，造成白色斑点
被害叶片呈针尖大小的黄白色斑点，叶背可见红色小虫群集为害………………玉米叶螨
被害叶片呈雪花状斑点，田间可见有红色触角的绿色小虫子 ……………………赤须盲蝽
被害叶片正面或背面呈现银灰色不规则的条状斑纹，被害部及叶心内可见线头大小的
  黑色虫子………………………………………………………………蓟马

拔节期（拔节—抽穗）

1. 茎部受害

叶鞘或叶片上有云纹状斑，病斑上有白色或褐色颗粒状菌核 …………………纹枯病

2. 叶部受害

2.1 叶部被咬成缺刻或孔洞

2.1.1　叶部受害形成孔洞

玉米心叶受害形成排孔状花叶····································玉米螟

叶肉被啃食，仅留表皮，形成筛网状孔洞。被害株上可见蓝色、绿色、棕黄色或棕红色
甲虫··························褐足角胸叶甲

2.1.2　叶部被咬成缺刻

被害株上可见体表光滑，具多条各色体线，头额部有八字形纹的幼虫，严重被害仅剩
主脉··································黏虫

被害株上可见虫体具长刚毛的幼虫····························灯蛾

2.2　叶部受害形成白色斑点

被害叶片呈银白色不规则条点状斑纹，可见芝麻大小体背具密集小白点的黑色
虫子································甘薯跳盲蝽

被害叶片呈雪花状斑点，田间可见红色触角的绿色小虫子············赤须盲蝽

被害叶片上呈现不规则褪绿斑点，可见能飞的绿色蝉状小虫子········大青叶蝉

2.3　叶部受害形成不同形状病斑

2.3.1　病斑表面有粉状物

病斑隆起，有黄褐色或红棕色粉状物····························普通锈病

病斑隆起，有黄色或金黄色粉状物······························南方锈病

2.3.2　病斑表面无粉状物

病斑较大，中央灰褐色，梭形··································大斑病

病斑较小，黄褐色，受叶脉限制，梭形、椭圆形或长方形···········小斑病

病斑较小，近圆形，中间灰白色，边缘暗褐色，具浅黄色晕圈，在叶片上均匀
分布····························弯孢霉叶斑病

叶片上出现圆形、椭圆形黄红色小斑，叶片上病斑连片形成与中脉垂直的带状病区；
中脉和叶鞘上病斑较大，红褐色或紫褐色····················褐斑病

成株期（抽穗—成熟）

1. 根茎部受害

茎基部秸秆组织疏松，全株叶片青枯或黄枯，雌穗下垂···········茎基腐病

茎秆病部软化、腐烂，并有腥臭味；叶片呈现青枯状萎蔫，植株易倒折·····细菌性茎腐病

叶鞘、叶片或苞叶上有云纹状斑，病斑上有白色或褐色颗粒状菌核····纹枯病

茎部有蛀孔，孔外有排泄物··································玉米螟

2.叶部受害

2.1 叶部被咬成缺刻或孔洞

田间可见黄褐色或绿色能飞善跳的昆虫，严重被害仅剩主脉……………………蝗虫

叶肉被啃食，仅留表皮，形成筛网状孔洞，被害株上可见鞘翅前缘有两个黄白色圆斑的

甲虫………………………………………………………………双斑长跗萤叶甲

2.2 叶部受害形成白色斑点

被害部密布墨绿色"腻虫"，有时被害部有"蜜露"和黑色"霉污"，严重发生时雌穗和

雄穗也受害，影响结实………………………………………………………玉米蚜

被害叶片呈银白色不规则条点状斑纹，可见芝麻大小体背具密集小白点的黑色虫……

………………………………………………………………………甘薯跳盲蝽

被害叶片呈雪花状斑点，田间可见红色触角的绿色小虫子 ………………赤须盲蝽

被害叶片上呈现不规则褪绿斑点，可见能飞的绿色蝉状小虫子………………大青叶蝉

2.3 叶部受害形成不同形状病斑

2.3.1 病斑表面可见粉状物

病斑隆起，有黄褐色或红棕色粉状物………………………………………普通锈病

病斑隆起，有黄色或金黄色粉状物………………………………………南方锈病

2.3.2 病斑表面无粉状物

病斑较大，中央灰褐色，梭形………………………………………………大斑病

病斑较小，黄褐色，受叶脉限制，梭形、椭圆形或长方形 …………………小斑病

病斑较小，近圆形，中间灰白色，边缘暗褐色，具浅黄色晕圈，在叶片上均匀

分布…………………………………………………………………弯孢霉叶斑病

叶片上出现圆形、椭圆形黄红色小斑，叶片上病斑连片形成与中脉垂直的带状病区；

中脉和叶鞘上病斑较大，红褐色或紫褐色………………………………………褐斑病

3.穗部受害

3.1 穗部受害呈黑色粉末状或畸形

3.1.1 穗部受害呈黑色粉末状

雌穗短粗，无花丝，内部充满黑粉和丝状物。雄穗全部或部分变为黑粉或刺猬头

…………………………………………………………………………丝黑穗病

雌穗、雄穗和茎叶等处有形状各异、大小不一的瘤状物，外被白膜，内部肉质多汁，

后变为黑色粉状物………………………………………………………瘤黑粉病

3.1.2 穗部畸形

雌穗内部全部为苞叶，增生畸形，雄穗花药变为丛生小叶，形成刺猬头…………疯顶病

3.2 雌穗受害籽粒破损

害虫钻蛀果穗，为害籽粒，造成籽粒破损或腐烂，可见背中线明显的幼虫⋯⋯⋯⋯玉米螟

幼虫腹背各节具4个明显的褐色毛片，背中线不明显⋯⋯⋯⋯⋯⋯⋯⋯⋯⋯⋯⋯桃蛀螟

咬食花丝，由花丝处钻入果穗为害，造成籽粒破损，可见体表具各色毛片和刚毛的幼虫

⋯⋯⋯⋯⋯⋯⋯⋯⋯⋯⋯⋯⋯⋯⋯⋯⋯⋯⋯⋯⋯⋯⋯⋯⋯⋯⋯⋯⋯棉铃虫

咬食花丝，啃食籽粒成孔洞，被害部可见鞘翅前缘有两个黄白色圆斑的甲虫⋯⋯双斑长跗萤叶甲

咬食花丝和籽粒，造成籽粒破损，可见黑色或绿色大小不等的甲虫，体背具白绒斑，

喜群聚为害⋯⋯⋯⋯⋯⋯⋯⋯⋯⋯⋯⋯⋯⋯⋯⋯⋯⋯⋯⋯⋯⋯⋯⋯⋯金龟子

为害花丝和灌浆籽粒，在玉米叶片上顺叶脉舔食叶肉残存表皮形成白色纵条或将叶片

吃光残留主脉，被害处可见螺状蜗牛⋯⋯⋯⋯⋯⋯⋯⋯⋯⋯⋯⋯⋯⋯⋯灰巴蜗牛

二、玉米病虫草害全程
综合防控技术

玉米病虫草害种类较多，不同地区、不同年份发生程度各有差异，从玉米播种到成熟，每个生长阶段都会受到不同有害生物的为害。根据近年的田间调查、监测、试验，提出玉米播种期、苗期（出苗至拔节）、中期（拔节至抽穗）和后期（抽穗至成熟）等不同生育阶段病虫草害全程综合防控技术。该技术根据各种病虫草害在不同玉米生长时期的为害特点，综合了农业防治、物理防治、生物防治和化学防治等方法，提出了病虫草害的综合治理技术。实施预防为主、综合防治的方针，以一药多效、一喷多防、节本增效的具体措施确保防治技术的安全有效，为玉米的高产稳产保驾护航。

1.玉米播种期的病虫草害防治

（1）本时期需防治的病虫草害种类　主要病害有：锈病、大斑病、小斑病、丝黑穗病、疯顶病、粗缩病、矮花叶病、苗枯病、顶腐病；主要虫害有：蝼蛄、蛴螬、金针虫、根土蝽、耕葵粉蚧、蚜虫、灰飞虱、蓟马、黑麦秆蝇、旋心虫等。另外，还有一年生和多年生单、双子叶杂草。

（2）防治措施　这一时期是病虫草害防治的关键时期。通过这一时期种子处理可防治蝼蛄、蛴螬、金针虫等多数地下害虫，而且对苗期根土蝽、耕葵粉蚧、蓟马、黑麦秆蝇、旋心虫、蚜虫、灰飞虱等害虫能有效的起到预防作用，并可降低由蚜虫、灰飞虱传播的粗缩病、矮花叶病的发病率。苗枯病、纹枯病等土传病害和丝黑穗病、疯顶病等系统性病害都应在这一时期进行药剂拌种防治。对于锈病、大斑病、小斑病、褐斑病、弯孢叶斑病发生严重的地区，应选用相应的抗病品种，可大大减少玉米生育期用药。而且，在播后苗前喷施除草剂进行土壤封闭处理对大多数杂草能起到很好的防除作用。

①选用抗（耐）病优良品种。针对玉米不同病害分布区，选用对锈病、大斑病、小斑病等叶部病害和玉米丝黑穗病、矮花叶病、粗缩病有抗（耐）性的优良品种。

②提高播种质量，增强植株抗病性。夏玉米区避免套播，均衡施肥，合理密植。春玉米区精细整地，提高播种质量，冷凉地区可采用地膜覆盖提高地温和墒情，加速

出苗，降低土传病害发生率。

③种子处理

蝼蛄、蛴螬、金针虫等地下害虫防治：可用40%甲基异柳磷乳油10毫升或50%辛硫磷乳油10毫升任选其一加水500毫升，拌种10千克。可兼治根土蝽、耕葵粉蚧。

蚜虫、飞虱等苗期害虫防治：可用70%噻虫嗪（锐胜）可分散粒剂10～20克、70%吡虫啉可湿性粉剂30克，加水500毫升，拌种10千克。同时可减少病毒病发生，兼治黑麦秆蝇、旋心虫。

玉米疯顶病防治：可用35%甲霜灵拌种剂30克，加水500毫升，拌种10千克。

玉米丝黑穗病、纹枯病、顶腐病等防治：可用2%戊唑醇（立克秀）湿拌种剂40～60克、2.5%咯菌腈（适乐时）悬浮种衣剂10毫升或12.5%烯唑醇（禾果利）可湿性粉剂30～40克，任选其一加水500毫升，拌种10千克。

另外，拌种过程中应注意，若需杀虫剂和杀菌剂同时混用处理种子时，需先拌杀虫剂，阴干后再拌杀菌剂。并根据不同药剂特性进行堆闷，阴干后播种，以免影响药效。

④清除田间杂草。通过耕翻整地、机械除草、人工除草、化学除草等方法清除田间及周边杂草，消灭有害生物的孳生繁衍地。

杂草苗龄较大、且成条块状分布的地块杂草防除：可在前茬作物收获后，每亩先用20%百草枯水剂200～300毫升150倍液定向喷雾防除大草。

播后苗前土壤封闭处理：在玉米播种后至出苗前每亩用40%乙·莠悬浮剂180～200毫升，加水40～50千克，全田均匀喷雾，严防漏喷和重喷。地膜玉米田可在精细整地的基础上每亩用50%乙草胺乳油150～200毫升，加水40～50千克均匀喷雾再覆盖地膜，在膜上打孔点播玉米。

在喷施除草剂的同时可在药液中加入吡虫啉、啶虫脒或菊酯类杀虫剂杀灭草丛中的有害生物，减少田间为害，达到一喷多防的目的。

2. 玉米苗期（出苗—拔节）病虫草害防治

（1）本时期需要防治的病虫草害种类　主要病害：顶腐病、苗枯病等；主要害虫：蝼蛄、蛴螬、金针虫、根土蝽、耕葵粉蚧、小地老虎、黄地老虎、八字地老虎、二点委夜蛾、黏虫、棉铃虫、蝗虫、蚜虫、飞虱、蓟马、赤须盲蝽、旋心虫、黑麦秆蝇等害虫。在播后苗前未施用土壤处理除草剂的地块还需防治单、双子叶杂草。

（2）防治措施　这一时期是保苗和培育壮苗、健苗的关键时期。主要应做好苗期地老虎、二点委夜蛾、黏虫、棉铃虫、黑麦秆蝇等害虫的防治。同时对于能传播玉米粗缩病、矮花叶病的灰飞虱、蚜虫要进行及时防治。对于播后苗前未进行土壤封闭处理的地块应在这一时期喷施茎叶处理除草剂防除杂草。

①防除杂草：用烟嘧磺隆、硝磺草酮等茎叶处理剂防除新萌发或播种期未防除的杂草。可在玉米 2 ~ 8 叶期，杂草 3 ~ 6 叶期，每亩用 4%烟嘧磺隆（玉农乐）悬浮剂 40 ~ 60 毫升非定向茎叶喷雾。

②主要病虫害防治：

防治灰飞虱、蚜虫、赤须盲蝽、蓟马、黑麦秆蝇、旋心虫、褐足角胸叶甲、叶蝉：可在玉米出苗后用 4.5%高效氯氰菊酯乳油 1 500 倍液、10%吡虫啉可湿性粉剂 1 000 ~ 1 500 倍液、3%啶虫脒乳油 2 000 倍液，或 1.8%阿维菌素乳油 1 500 ~ 2 000 倍液，任选其一喷雾。可同时加入防病毒药剂宁南霉素、病毒必克和云大 120、复硝酚钠等生长调节剂，以降低病毒病发病率。

防治地下害虫、地老虎、二点委夜蛾、根土蝽、耕葵粉蚧等：可用 48%毒死蜱乳油 800 ~ 1 000 倍液或 40%甲基异柳磷乳油 1 000 倍液喷雾或灌根。

防治黏虫、棉铃虫等鳞翅目幼虫和蝗虫：可用 20%氯虫苯甲酰胺悬浮剂（康宽）3 000 倍液或 4.5%高效氯氰菊酯乳油 2 000 倍液喷雾。

防治顶腐病、苗枯病：可用 20%三唑酮（粉锈宁）乳油 1 000 ~ 1 500 倍液、12.5%烯唑醇（禾果利）可湿性粉剂 1 000 ~ 1 500 倍液或 85%三氯异氰脲酸可溶性粉剂 1 500 倍液喷淋根茎部。同时可加入云大 120 的 1 500 ~ 2 000 倍液、绿风 95 的 600 倍液，提高植株抗病性。

本时期也可选用高效氯氰菊酯、吡虫啉或甲基异柳磷等杀虫剂，与三唑酮、烯唑醇等混合使用，达到一喷多防的目的。

3. 玉米中期（拔节—抽穗）的病虫防治

（1）本时期需要防治的病虫害种类　主要病害：大斑病、小斑病、褐斑病、灰斑病、弯孢叶斑病、纹枯病、锈病；主要虫害：玉米螟、黏虫、棉铃虫、褐足角胸叶甲、甘薯跳盲蝽。

（2）防治措施　在这一时期应加强对各种叶斑病、锈病、纹枯病等病害的早期预防工作。并及时拔除疯顶病及病毒病病株。同时对玉米后期发生较重的玉米螟、黏虫、棉铃虫、褐足角胸叶甲等害虫要及时调查，并采取防治措施。

防治玉米螟、黏虫、棉铃虫：可用 20%氯虫苯甲酰胺悬浮剂（康宽）3 000 倍液、40%氯虫噻虫嗪水分散粒剂（福戈）3 000 倍液、10%氟啶脲（抑太保）悬浮剂 1 500 ~ 2 000 倍液、30%乙酰甲胺磷乳油 1 000 倍液、75%硫双灭多威乳油 1 200 ~ 1 500 倍液或苏云金杆菌悬浮剂（100 亿活孢子/毫升）200 倍液，任选其一喷雾防治。或在 6 ~ 8 月采用杀虫灯诱杀玉米螟、棉铃虫、黏虫成虫，同时可诱杀地老虎、二点委夜蛾等害虫成虫。

防治褐足角胸叶甲和甘薯跳盲蝽：可用 4.5%高效氯氰菊酯乳油 1 500 倍液、30%

乙酰甲胺磷乳油 1 000 倍液或 1.8% 阿维菌素乳油 1 500 ~ 2 000 倍液，任选其一喷雾。

防治大斑病、小斑病、褐斑病、灰斑病、弯孢叶斑病、锈病等叶部病害：可用 20% 三唑酮（粉锈宁）乳油 1 000 ~ 1 500 倍液或 12.5% 烯唑醇（禾果利）可湿性粉剂 1 000 ~ 1 500 倍液喷雾。

防治病毒病：及早拔除田间疯顶病及病毒病病株。

4. 玉米后期（抽穗—成熟）病虫害防治

（1）本时期需防治的病虫害种类　玉米抽穗至灌浆期的病虫种类较复杂，主要病害有：大斑病、小斑病、锈病等叶部病害和纹枯病、茎腐病、丝黑穗病、瘤黑粉病等；主要虫害有：玉米螟、桃蛀螟、棉铃虫、黏虫、蝗虫、双斑长跗萤叶甲、白星花金龟、小青花金龟、蜗牛、蓟马、大青叶蝉、甘薯跳盲蝽等。

（2）防治方法　这一时期由于植株较大，施药防治较为困难，主要应注意丝黑穗病、瘤黑粉病病株处理工作；同时对金龟子、蜗牛等害虫采取人工捕捉、诱杀和药剂防治措施。

人工防治：对已发生丝黑穗、瘤黑粉病的田块，清除病瘤（穗）带出田外深埋。在玉米灌浆期发生金龟子为害雌穗，可人工捕杀。蜗牛发生严重地块可在早晨或阴雨天人工捕杀。

防治蜗牛可每亩用 50% 杀螺胺乙醇胺盐（螺灭杀）可湿性粉剂 60 ~ 80 克，加适量水喷洒于 25 ~ 30 千克细砂土上，边喷边拌制成毒土，于傍晚撒于植株茎基部。或每亩用 8% 四聚乙醛（密达）颗粒剂 2 千克，碾碎后拌 30 千克细砂土，于傍晚撒于植株茎基部或叶腋。

参考文献

吕佩珂. 1999. 中国粮食作物、经济作物、药用植物病虫原色图鉴[M]. 呼和浩特：远方出版社.

邓国藩. 1986. 中国农业昆虫[M]. 北京：农业出版社.

中国农作物病虫图谱编绘组. 1978. 中国农作物病虫图谱：第三分册　旱粮病虫[M]. 北京：农业出版社.

李照会. 2002. 农业昆虫鉴定[M]. 北京：中国农业出版社.

高山松，马奇祥，刘珍，等. 1998. 粮食作物病虫实用原色图谱[M]. 郑州：河南科学技术出版社.

王枝荣. 1992. 中国农田杂草原色图谱[M]. 北京：农业出版社.

李扬汉. 1998. 中国杂草志[M]. 北京：中国农业出版社.

罗益镇，崔景岳. 1995. 土壤昆虫学[M]. 北京：中国农业出版社.

何振昌，等. 1997. 中国北方农业害虫原色图鉴[M]. 沈阳：辽宁科学技术出版社.

高希武，郭艳春，王恒亮，等. 2002. 新编实用农药手册[M]. 郑州：中原农民出版社.

商鸿生，王凤葵，沈瑞清，等. 2005. 玉米　高粱　谷子病虫害诊断与防治原色图谱[M]. 北京：金盾出版社.

马奇祥，李正先，等. 1999. 玉米病虫草害防治彩色图说[M]. 北京：中国农业出版社.

陈捷. 1999. 玉米病害诊断与防治[M]. 北京：金盾出版社.

王晓鸣，戴法超，等. 2002. 玉米病虫害田间手册[M]. 北京：中国农业出版社.

董志平，姜京宇. 2007. 小麦病虫草害防治彩色图谱[M]. 北京：中国农业出版社.

孙汝川，毛志农. 1996. 稻水象[M]. 北京：中国农业出版社.

韩运发，徐祖荫. 1982. 中国农区蓟马[M]. 北京：农业出版社.

图书在版编目（CIP）数据

玉米病虫草害防治原色生态图谱/董志平，姜京宇，
董金皋主编. —北京：中国农业出版社，2011.7（2019.5重印）
ISBN 978-7-109-15822-1

Ⅰ．①玉… Ⅱ．①董… ②姜… ③董… Ⅲ．①玉米-
病虫害防治方法-图解 ②玉米-除草-图解 Ⅳ.
①S435.13-64 ②S451.22-64

中国版本图书馆CIP数据核字（2011）第125908号

中国农业出版社出版
（北京市朝阳区农展馆北路2号）
（邮政编码　100125）
责任编辑　张洪光　阎莎莎

中国农业出版社印刷厂印刷　新华书店北京发行所发行
2011年7月第1版　2019年5月北京第6次印刷

开本：880mm×1230mm　1/32　印张：4
字数：121千字　印数：22 001~25 000册
定价：18.00元
（凡本版图书出现印刷、装订错误，请向出版社发行部调换）

董志平，甘耀进，董立，等. 2007. 二点委夜蛾在河北危害夏玉米的调查研究简报[J]. 河北农业科技 (9):19.

姜京宇，李秀芹，许佑辉，等. 2008. 二点委夜蛾研究初报[J]. 植物保护，34(3):123-126.

马继芳，董立，宋银芳，等. 2009. 几种化学药剂对黑麦秆蝇的防治效果比较[J]. 植物保护，35(6):172-175.

马继芳，董立，李西敏，等. 2010. 种子处理防治玉米田黑麦秆蝇效果初报[J]. 河北农业科学，14(7):33-34.

刘爱芝，韩松，梁九进，等. 2009. 新烟碱类杀虫剂拌种防治介体昆虫控制玉米粗缩病研究[J]. 华北农业科学，24(6):215-222.